北京及周边地区
大型真菌图鉴

侯成林　申小叶 ■ 编著

中国林业出版社

图书在版编目（CIP）数据

北京及周边地区大型真菌图鉴 / 侯成林，申小叶编
著 . -- 北京 : 中国林业出版社，2025. 5. -- ISBN 978-
7-5219-3203-4

Ⅰ . Q949.320.8-64

中国国家版本馆 CIP 数据核字第 2025EM9386 号

策划编辑：马吉萍

责任编辑：马吉萍

出版发行：中国林业出版社
　　　　（100009，北京市西城区刘海胡同 7 号，电话 83143595）
网址：https://www.cfph.net
印刷：河北鑫汇壹印刷有限公司
版次：2025 年 5 月第 1 版
印次：2025 年 5 月第 1 次印刷
开本：889mm×1194mm 1/16
印张：15
字数：330 千字
定价：168.00 元

北京及周边地区大型真菌图鉴

编委会

编　著

侯成林　　申小叶

参编人员

周昊　　高玥　　王秋彤
王爽　　李志洁　　高健

前　言

　　北京地处华北平原北部，背靠燕山，东与天津毗连，其余均与河北相邻。本书涉及的大型真菌主要分布在北京及其周边地区，其中以燕山山脉分布的大型真菌为主，少部分种类分布在太行山区域（门头沟百花山等地）。燕山作为中国北部著名山脉之一，自古被视为战略要地，燕山东西长约 420 km，南北最宽处近 200 km，海拔 600~1500 m。燕山山脉，山势陡峭。其地势西北高、东南低，北缓南陡，沟谷狭窄，地表破碎，雨裂冲沟众多。其气候类型属暖温带半湿润大陆性季风气候，一般春季干旱多风，夏季炎热降水多，秋季晴朗少雨凉爽，冬季寒冷干旱，年均降水量 450 mm 左右，多集中在 7—8 月。植被在区划上属于我国东部华北暖温带落叶阔叶林区的北缘，地处华北、内蒙古植物区系交会的过渡性地带，植被的组成具有明显的过渡色彩，存在多植物区系和广泛引种成功的可能性。这些都为大型真菌等生物的生存和繁衍创造了多样的自然生态环境条件。

　　大型真菌是生态系统中重要的组成部分，对维护生态系统的多样性和稳定性有着不可替代的作用，区域大型真菌多样性能从侧面反映相关区域的生态环境保护状况，因此，对区域大型真菌多样性的调查工作有着重要的意义。随着现代科学技术的发展，大型真菌资源的经济价值和应用潜力越来越受到人们的重视，例如，中国工程院院士李玉谈到食用菌时，将其比作"不争不抢"的资源宝库。他指出，我国食用菌资源丰富，近十年来，我国的食用菌产量、产值快速提升，资源开发的潜力巨大，食用菌"不与人争粮""不与粮争地""不与地争肥""不与农争时""不与其他争资源"的特征也是其作为新兴农产品的最大特征（李玉，2018）。此外，大型真菌也包括很多药用真菌，如虫草、灵芝等，这些资源也都备受关注。

目前，世界上真菌数量预估在 220 万~380 万种，中国预估超 29 万种（维管植物：真菌 =1∶9.8）。我国大型真菌数量则预计超 1.5 万种，食药用菌近 2000 种（Wu et al.，2019；魏杰 等，2021），这充分反映我国大型真菌的多样性。北京及其周边虽有良好的生态环境条件和较丰富的植物多样性，但到目前为止，尚缺乏对该区域野生大型真菌的系统调查研究与总结，尤其是缺乏分子鉴定结果。为掌握该区域大型真菌的种类分布、形态特征、生态习性、经济价值等基本情况，在生态环境部和国家自然科学基金项目支持下，历经七年多的时间，本书作者及团队通过对燕山山脉（主要包括北京市延庆区、怀柔区、密云区、昌平区、顺义区、平谷区，河北省遵化市、赤城县、怀来县和兴隆县，天津市蓟州区）以及太行山的北京市门头沟区的大型真菌进行采集，并结合形态学和分子数据进行鉴定，最终将主要调查研究结果整理、汇集成此书。

本书分前言、正文、参考文献、中文名索引、学名索引 5 个部分。正文采用图片配文字介绍的形式，从中文名、别名、学名、形态特征、分布、经济价值等方面进行描述，所有真菌按照门、科、属、种分类，在同一分类阶元内按物种学名首字母依次排序。在物种鉴定方法上，则通过对标本宏观和微观形态学观察，并结合 ITS 基因序列分析，部分种类通过多基因系统学分析，参考 Index Fungorum（http://indexfungorum.org）、NCBI（https://www.ncbi.nlm.nih.gov）、MycoBank（https://www.mycobank.org）等网站数据并结合《菌物词典（第十版）》（Kirk et al.，2008），Wijayawardene（2018）及 He（2019）等最近发表的文献，确定其现代分类学地位。本书真菌共有子囊菌门和担子菌门下 63 科 129 属 309 种。通过与区域历史数据比对，发现其中 215 个物种属于该区域的新记录种，体现了本书较高的科学价值。北京及周边比较有代表性的真菌包括拟橙盖鹅膏（*Amanita caesareoides*）、毒蝇鹅膏（*Amanita muscaria*）、蛹虫草（*Cordyceps militaris*）、小海绵羊肚菌（*Morchella spongiola*）、美味侧耳（*Pleurotus sapidus*）、棕灰口蘑（*Tricholoma terreum*）、台湾块菌（*Tuber formosanum*）等。尤其是北京及周边地区蕴藏了大量大型真菌新物种，在本书介绍的 309 种大型真菌中，作者就已经发表了鹅膏属（*Amanita*）、黄盖脆柄菇属（*Candolleomyces*）、地星属（*Geastrum*）、马鞍菌属（*Helvella*）和红菇属（*Russula*）等属新物种共 24 种，拟待发表新种 6 个，未发表种在本书中用"拉丁属名 + sp."表示。

本书中大型真菌食药用性等特点主要依据 Wu（2019）、陈作红（2015）及李玉（2015）等文献确定。由于很多毒菌和食用菌十分容易混淆，只有专业人员借助专业手段方能够准确区分，即使可采食的大型真菌，对某些人群也可能有毒，因此不熟悉的野生菌不要采食！本书作者对读者误食有毒真菌及其一切后果不承担任何法律责任。

本书内容全面，查阅便捷，兼具科学性和实用性，填补了北京及周边地区野生大型真菌的系统调查研究的空白，可作为本科、专科院校生命科学相关专业的教学参考书，也可作为从事微生物学、真菌学、林学、生态学、自然资源保护等相关资源管理与开发的工作人员的参考书，对进一步研究、开发、利用大型真菌资源以及蘑菇中毒预防具有较高的参考价值。

本书的出版得到了生态环境部生物多样性调查与评估项目和国家自然科学基金项目的资助。在前期的调查研究和本书编写过程中，得到了许多同行大力支持和帮助。研究团队成员范黎教授和研究生李骥琪、程贵强、张润通、周应科、何宝东、黄凯兵、晏慧芳、毛宁、李婷、徐语言、付皓宇、黄小波等在野外标本采集、数据记录、物种鉴定上付出了大量心血，郭美君、卓兰仔细校对了书稿。国内大型真菌专家李国杰副教授在红菇属鉴定、图力古尔教授在小菇属鉴定、赵瑞琳研究员在蘑菇属鉴定工作中分别给予指导和帮助，戴玉成教授仔细修改和校正了腐朽菌的鉴定结果，杨祝良研究员对本书文稿进行了全面修改。在此一并表示衷心感谢！

由于时间和水平有限，难免有错误和不足之处，敬请专家和读者批评指正。

2024 年 10 月于北京

目　录

子囊菌门
ASCOMYCOTA

绿杯盘菌科 Chlorociboriaceae

1. 小孢绿杯盘菌

Chlorociboria aeruginascens (Nyl.) Kanouse, Mycologia 39 (6): 641 (1948)

≡ *Peziza aeruginascens* Nyl., Not. Sällsk. Fauna Et Fl. Fenn. Förh., Ny Sér. 10: 42 (1868)

= *Chlorosplenium aeruginosum* var. *aeruginascens* (Nyl.) P. Karst., Not. Sällsk. Fauna Et Fl. Fenn. Förh., Ny Sér. 11: 233 (1870)

Chlorosplenium brasiliense Berk. & Cooke, J. Linn. Soc., Bot. 15: 397 (1876)

子囊盘宽 3~8 mm，盘形至贝壳形。子实层表面深蓝绿色。囊盘被深绿色或稍淡，边缘稍内卷或波状，光滑。菌柄长 1~5 mm，直径 0.5~1.5 mm，常偏生至近中生。子囊 70~100 μm × 6~8 μm，近圆柱状，8 孢子，顶端遇碘变蓝。子囊孢子 6~8 μm × 1~3 μm，椭圆状至梭状，稍弯曲，无色，光滑。

分布于北京市延庆区，落叶阔叶林，腐木上。食药用性未知。

虫草科 Cordycipitaceae

2. 蛹虫草

Cordyceps militaris (L.) Fr., Observ. Mycol. (Havniae) 2: 317 (Cancellans) (1818)

≡ *Clavaria militaris* L., Sp. Pl. 2: 1182 (1753)

= *Clavaria granulosa* Bull., Hist. Champ. Fr. (Paris) 1 (1): 199 (1791)

Cordylia militaris (L.) Fr., Observ. Mycol. (Havniae) 2: 317 (1818)

Xylaria militaris (L.) Gray, Nat. Arr. Brit. Pl. (London) 1: 510 (1821)

子座高 3~6 cm，单个或数个从寄主头部长出，有时从虫体节部生出，淡黄色至橙黄色，一般不分枝，有时分枝。可育头部长 1~2 cm，直径 3~6 mm，圆柱形或棍棒形，表面粗糙。不育菌柄长 2.5~4.5 cm，直径 2~4 mm，近圆柱形，实心。子囊壳外露，近圆锥形，下部埋生于头部的外层。子囊 30~400 μm × 4~5 μm，棒状，8 孢子。子囊孢子细长，直径约 1 μm，线形，成熟时产生横隔，并断成分生孢子。分生孢子透明，壁光滑，单细胞，近球状到椭圆状，2~3 μm。

分布于河北省兴隆县，针阔叶混交林或落叶阔叶林。寄主鳞翅目昆虫。具食药用性，可止血化痰、治疗支气管炎，可缓解非酒精性脂肪肝、抗真菌、抗肿瘤、抗氧化、抗疲劳、抗炎、保肝、催眠活性、提高免疫力、保护酒精引起的急性肝损伤，可人工栽培。

柔膜菌科 Helotiaceae

3. 紫色囊盾菌

Ascocoryne cylichnium (Tul.) Korf, Phytologia 21 (4): 202 (1971)

= *Bulgaria urnalis* Nyl., Obs. Pez. Fenn.: 73 (1868)

Chlorospleniella urnalis (Nyl.) Kuntze, Revis. Gen. Pl. (Leipzig) 2: 848 (1891)

Coryne cylichnium (Tul.) Sacc., Syll. Fung. (Abellini) 8: 643 (1889)

Coryne urnalis (Nyl.) Sacc., Mycotheca veneta 1: 69 (1874)

Peziza cylichnium Tul., Annls Sci. Nat., Bot., Sér. 320: 174 (1853)

子囊盘直径 5~22 mm，盘形至杯形或带柄的酒杯形，胶质。子实层表面暗紫褐色至带紫红的灰褐色，光滑。囊盘被外观与子实层表面相似，或色稍浅，有细茸毛。菌柄有或缺。子囊 200~230 μm×14~16 μm。子囊孢子 18~33 μm×4~6 μm，纺锤状，光滑，有多个小油滴，成熟时有数个横隔。分生孢子常可形成，近球状，但不成串。子囊孢子有时会直接长成小分生孢子，此时孢子仍在子囊内。

分布于北京市延庆区，腐木上。食药用性未知。

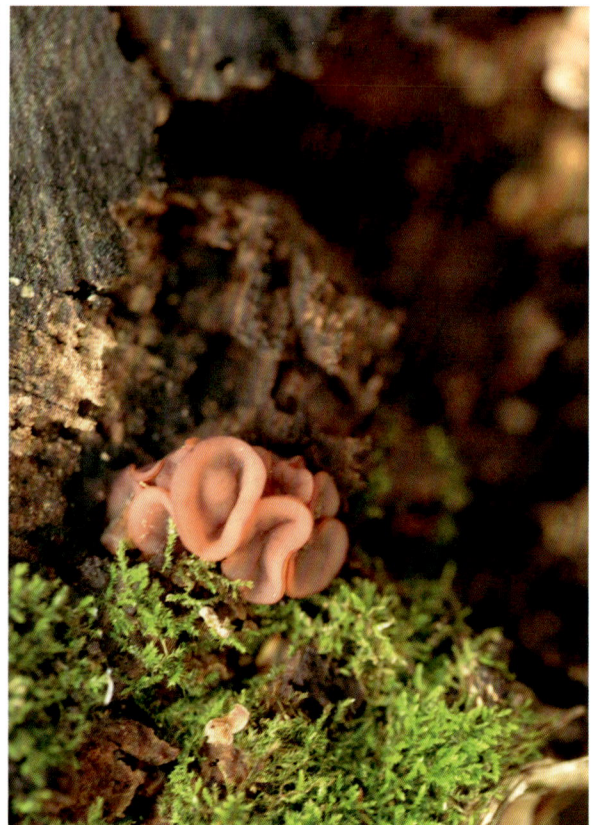

马鞍菌科 Helvellaceae

4. 小白马鞍菌

Helvella albella Quél., C. R. Assoc. Franç. Avancem. Sci. 24 (2): 621 (1896)

菌盖马鞍形，直径 1~2 cm，边缘反卷，有时瓣裂。子实层面灰褐色至暗灰褐色，干燥呈黑色，不育面白色，干燥呈灰白色，具明显至不明显微细粉粒。柄圆柱状，长 3~6 cm，直径 2~4（5）mm，白色，干后乳白色，表面具微细粉粒，近基部有几条不明显的浅凹，中实。子实层厚 230~290 μm。中囊盘被厚 220~260 μm，菌丝交织型，菌丝无色，分枝；多隔，直径 2.5~7.5（11）μm；外囊盘被厚 50~100 μm，角胞组织状，末端细胞棒状或梨形，直径 10~25 μm，栅状排列，无色，部分成短束外突。子囊圆柱状，8 孢子，单列，直径 15~18 μm；孢子无色，平滑，椭圆状，20~22.5 μm × 12.5~13.5 μm，内含 1 个黄色大油球；侧丝线形，基部偶分枝，直径 2.5~3 μm，顶部渐膨大至 7.5~16 μm，内含黄褐色素，分隔多在中部以下。

分布于北京市密云区、怀柔区、延庆区及河北省赤城县，林地上。食药用性未知。

5. 白黄马鞍菌

Helvella alborava L. Fan, N. Mao & H. Zhou, Fungal Systematics and Evolution, 12: 138 (2023)

菌盖鞍形至不规则浅裂，高 0.6~2 cm，直径 1~2 cm；幼时边缘卷到子实层，但成熟时膨大并裂开。子实层无毛，乳白色至灰色，干燥呈褐色至灰褐色。柄长 2~4 cm，直径 0.2~0.5 cm，中空，稍脆，灰白色，干燥呈淡褐色，基部菌丝白色。囊盘被髓质，宽 80~120 μm，菌丝透明至淡褐色，延伸至外侧成束状的茸毛，茸毛多隔膜，长棍状，13~30 μm × 8~16 μm。孢子椭圆状，成熟时有 1 个大油滴，17~19 μm × 10~12 μm。

分布于河北省兴隆县，林地上。食药用性未知。

6. 肉马鞍菌

Helvella carnosa Skrede, T. A. Carlsen & T. Schumach., Persoonia 39: 223 (2017)

子囊盘具柄，头状，通常两裂片，宽 1~3 cm，子囊盘边缘内折（贴生）。子实层棕色，干燥呈棕黑色；子实托表面微茸毛；柄中空，高 3~5 cm，宽 0.3~0.5 cm，淡黄色，干燥时扁长形。囊盘被髓质错综缠结，菌丝直径 3~5 μm。子囊褶状，270~300 μm×13~15 μm。子囊孢子椭圆状，18~19.8 μm×11.8~12.6 μm。

分布于北京市延庆区，林地上。食药用性未知。

7. 丹麦马鞍菌

Helvella danica Skrede, T. A. Carlsen & T. Schumach., Persoonia 39: 225 (2017)

子囊盘具柄，头状，小至中型，具有不规则的浅裂，宽 1~3 cm。子实层棕黄色；子实托白色至淡黄色，光滑；柄中空，高 3~6 cm，直径 0.3~0.5 cm，白色至淡黄色，基部经常具沟。囊盘被髓质菌丝松散缠结，菌丝直径 3~5 μm。子囊具侧喙，300~340 μm×14~16 μm。子囊孢子椭圆状，19.5~22.4 μm×12.2~13 μm。

分布于北京市密云区、延庆区，林地上。食药用性未知。

8. 新空柄马鞍菌

Helvella neofistulosa L. Fan, N. Mao & C. L. Hou, Fungal Systematics and Evolution 12: 138 (2023)

菌盖鞍形，2~3 叶或不规则裂片，高 0.6~2.5 cm，直径 1.3~2.5 cm，幼时边缘与柄粘连，后随成熟而反向弯折。子实层无毛，灰色至灰黄色，干燥呈赭石色至深褐色。柄长 1.3~5.3 cm，直径 0.3~0.7 cm，中空或实心，稍脆，灰白色至乳白色，干燥呈淡黄色，有白色附着物。囊盘被髓质，直径 70~120 μm，透明至淡褐色，排列成行，最外层细胞长棍状，22~50 μm×10~23 μm。褶状的子囊，渐细，8 孢子，250~300 μm×14~21 μm。孢子椭圆状，成熟时有 1 个大油滴，18~22.5 μm×10.5~12.5 μm。

分布于北京市怀柔区，林地上。食药用性未知。

9. 黑黄马鞍菌

Helvella nigrorava L. Fan, Y. Y. Xu & C. L. Hou, Fungal Systematics and Evolution 12: 138 (2023)

菌盖鞍形，高 1~1.5 cm，宽 0.5~1.2 cm。子实层无毛，深灰色到灰黑色，干燥后黑褐色至黑色，下表面被短柔毛。柄具短柔毛，长 1.5~4 cm，直径 0.3~0.7 cm，中空或实心，灰白色至灰色，干燥呈灰棕色至棕色，有白色附着物，基部稍膨大。囊盘被髓质，直径 70~115 μm。子囊褶状，渐细，8 孢子，235~265 μm×15~20 μm。孢子椭圆状，成熟时有 1 个大油滴，16~19 μm×11~12.5 μm。

分布于北京市昌平区，林地上。食药用性未知。

10. 东方皱马鞍菌

Helvella orienticrispa Q. Zhao, Zhu L. Yang & K. D. Hyde, Phytotaxa 239 (2): 136 (2015)

菌盖鞍形至不规则浅裂，高 1~3 cm，直径 2~5 cm；幼时边缘卷至子实层，但成熟时膨大并裂开。子实层无毛，乳白色至灰色，干燥后淡黄色；子实托表面短柔毛，棱状凸起几乎覆盖 1/3 的菌盖，淡褐色，干燥后淡黄色。柄长 2~6 cm，直径 0.5~3 cm，有深的纵向沟槽和横脉；棱钝，大部分双面，被细短柔毛，稍脆，奶油色至浅黄色，干燥呈奶油色，基部菌丝白色。囊盘被髓质，直径 130~260 μm，纹理错综，透明，由直径 2.5~6 μm 的厚壁菌丝组成。

分布于河北省赤城县、北京市延庆区，林地上。食药用性未知。

11. 拟弹性马鞍菌

Helvella pseudoelastica L. Fan, Y. Y. Xu & H. Zhou, Fungal Systematics and Evolution 12: 138 (2023)

菌盖鞍形，高 1~1.5 cm，直径 0.5~1.2 cm。子实层无毛，深灰色至灰黑色，干燥后黑褐色至黑色，下表面被短柔毛。柄具短柔毛，长 1.5~4 cm，直径 0.3~0.7 cm，中空或实心，灰白色至灰色，干燥呈灰棕色至棕色，有白色附着物，基部稍膨大。囊盘被髓质，直径 70~115 μm。子囊褶状，渐细，8 孢子，235~265 μm×15~20 μm。孢子椭圆状，成熟时有 1 个大油滴，16~19 μm×11~12.5 μm。

分布于北京市昌平区，林地上。食药用性未知。

12. 拟折马鞍菌

Helvella pseudoreflexa Q. Zhao, Zhu L. Yang & K. D. Hyde, Phytotaxa 239 (2): 136 (2015)

菌盖三叶形至不规则浅裂，高可达 5 cm，直径 1~3 cm；幼时边缘内折至子实托表面，成熟时膨大；子实层向中心呈波纹状，乳白色至灰色，干燥呈淡黄色；子实托表面短柔毛，钝棱几乎覆盖 1/2 菌盖，乳白色，干燥后变为淡灰色。柄长 5~13 cm，直径 1~3 cm，具深棱，有横脉和口袋，被细短柔毛，稍脆，白色至乳白色，干燥呈乳白色；基部菌丝白色。囊盘被髓质，直径 200~280 μm，纹理错综，透明，由直径 3~6 μm 的菌丝组成。子囊 250~350 μm×15~18 μm，8 孢子，近圆柱状至棍棒状。子囊孢子 14（15）~19（21）μm×10（9）~12（13）μm，椭圆状，光学显微镜下光滑，扫描电镜下呈细皱纹状。

分布于河北省赤城县及北京市怀柔区、延庆区，林地上。食药用性未知。

13. 柔毛马鞍菌

Helvella pubescens Skrede, T. A. Carlsen & T. Schumach., Persoonia 39: 236 (2017)

子囊盘具柄，杯状至盘状，宽 2~3.5 cm、直径 0.5~1 cm，稍扁平。子实层灰黄色，干燥呈深黄褐色；子实托浅灰色，被微柔毛。柄纤细，圆柱状，基部有不明显的凹槽，被短柔毛，长 1.5~3 cm，直径 0.3~0.6 cm，浅灰色至淡白色，干燥呈灰白色，密布成束的茸毛。囊盘被髓质菌丝交叉，单个透明的菌丝，直径 3~4 μm。子囊具侧喙，270~290 μm×13~13 μm。子囊孢子椭圆状，17~20.8 μm×10~11.8 μm。

分布于北京市延庆区、怀柔区，林地上。食药用性未知。

14. 近类绒马鞍菌

Helvella subglabroides L. Fan, N. Mao & Y. Y. Xu, Fungal Systematics and Evolution 12: 138 (2023)

菌盖鞍形，高 0.7~2.5 cm，直径 0.8~2 cm，幼时边缘与柄黏在一起，随着成熟边缘反向弯折。子实层无毛，灰色至灰黄色，干燥呈深灰色至灰黑色。柄圆柱状，长 2~5 cm，直径 0.2~0.4 cm，实心，近短柔毛，灰白色至灰色，干燥呈深灰色，基部偶尔有白色菌丝。囊盘被髓质，直径 50~100 μm。子囊褶状，渐细，8 孢子，200~260 μm × 12.5~18.5 μm。孢子椭圆状，成熟时有 1 个大油滴，15~20 μm × 9~11 μm。

分布于河北省赤城县，林地上。食药用性未知。

15. 沟柄马鞍菌

Helvella sulcatoides L. Fan, N. Mao & Y. Y. Xu, Fungal Systematics and Evolution 12: 138 (2023)

菌盖鞍形，多数 2 裂，高 1.3~1.8 cm，直径 1.3~2 cm。子实层无毛，深灰色至黑灰色，干燥呈黑色略有皱纹。柄长 1.2~2.4 cm，直径 0.5~0.9 cm，有棱，纵向棱高而突出，灰白色至黑色，干燥呈深褐色至黑棕色。囊盘被髓质，直径 130~200 μm。子囊褶状，渐细，8 孢子，225~275 μm × 14~18 μm。孢子椭圆状，成熟时有 1 个大油滴，14~17 μm × 9~11 μm。

分布于北京市怀柔区，林地上。食药用性未知。

锤舌菌科 Leotiaceae

16. 润滑锤舌菌

Leotia lubrica (Scop.) Pers., Neues Mag. Bot. 1:97 (1794)

子囊果群生至近丛生，伞形，无柄，胶质，38~50 mm。菌盖凸面，光滑，不规则圆形或浅裂，边缘内卷，潮湿时黏稠，淡黄色至黄绿色，干燥呈橄榄色，直径 7 mm；柄中央，圆筒状，与菌盖同色，干燥呈淡黄色，上部布满淡绿色的颗粒，成熟时中空。子囊，无囊盖，圆柱状，8 孢子，直径 130~157 μm×7~10 μm。子囊孢子 1~2 列，透明，不对称，近纺锤状，末端圆形，稍弯曲，有凹槽，17~25 μm×5~6.5 μm。

分布于河北省兴隆县、北京市延庆区，林地上。具食用性，但食用无味道。

羊肚菌科 Morchellaceae

17. 小海绵羊肚菌

Morchella spongiola Boud., Bull. Soc. Mycol. Fr. 13: 138 (1897)

子实体小型。菌盖近球形或头形或近卵圆形，黑灰至黑褐色，顶部平或凹，脉棱多纵向排列又有小横脉相连，凹窝深，边缘与菌柄连接。菌柄近白色，有时带赭色，表面有纹路交错的凹沟，基部膨大，空心。菌肉污白色或带褐色。孢子无色，光滑，椭圆状，8~20 μm×5~16 μm。侧丝线形，顶部稍膨大，有分隔及分枝。

分布于北京市延庆区，林地上。具食用性。

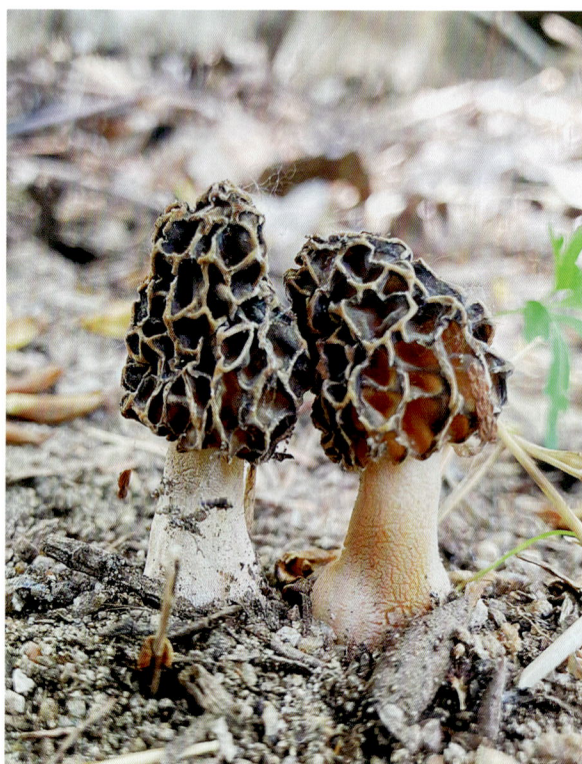

从赤壳科 Nectriaceae

18. 朱色丛赤壳

Nectria cinnabarina (Tode) Fr. , Summa Veg. Scand., Sectio Post. (Stockholm): 388 (1849)

≡ *Sphaeria cinnabarina* Tode, Fung. mecklenb. Sel. (Lüneburg) 2: 9 (1791)

= *Cucurbitaria cinnabarina* (Tode) Grev., Scott. Crypt. Fl. (Edinburgh) 3: 135 (1824)

  Creonectria purpurea (L.) Seaver, Mycologia 1 (5): 184 (1909)

子座小型，瘤状，直径 0.2~0.35 cm，扁圆，近球形或块形，往往上部多下凹，表面粗糙或近平滑，淡粉红色、红色至暗红色，干燥后呈褐红至暗色。子囊壳丛生，孔口疣状。子囊棒状或近柱状，70~85 μm×8~12 μm，孢子部分长 50~70 μm。孢子两端钝，直或稍弯曲，近双行排列，柱状椭圆形，12~25 μm×4~8 μm。

分布于河北省兴隆县，阔叶树枯枝上群生。食药用性未知。

侧盘菌科 Otideaceae

19. 褐侧盘菌

Otidea bufonia (Pers.) Boud., Hist. Class. Discom. Eur. (Paris): 52 (1907)

= *Peziza pseudobadia* Cooke, Mycogr., Vol. 1. Discom. (London) (4): 176 (1877)

Aleuria pseudobadia (Cooke) Gillet, Champignons de France, Discom. (2): 38 (1879)

Aleuria bufonia (Pers.) Quél., Enchir. Fung. (Paris): 277 (1886)

Acetabula leucomelaena var. *pseudobadia* (Cooke) Boud., Hist. Class. Discom. Eur. (Paris): 40 (1907)

子囊盘呈截形，高 2~5 cm，直径 2~4 cm，基部渐狭，近无柄或短柄；子实层棕色至红棕色，有的位置黑色；外表深棕色，近无毛。子囊 160~200 μm × 10~12 μm，圆柱状，透明，具 8 枚单列子囊孢子。子囊孢子椭圆状至纺锤状，14~17 μm × 5~7 μm，透明，薄壁，光滑，孢子内具 2 个油滴。

分布于北京市怀柔区、河北省赤城县，林地上。食药用性未知。

盘菌科 Pezizaceae

20. 疣孢褐盘菌

Peziza badia Pers., Observ. Mycol. (Lipsiae) 2: 78 (1800)

子囊盘小型，直径 3~7 cm，浅碟形，丛生，不规则起伏，无柄。子实层表面深黄褐色。囊盘被红棕色，表面粗糙，近边缘粗糙更明显。菌肉薄，易碎，红棕色。子囊 300~330 μm × 15 μm，8孢子，子囊孢子 17.5~18 μm × 10~11 μm，椭圆状，透明，表面有不规则网状纹，单行排列，内含 2 个油滴。侧丝浅黄色，细长，有横隔，顶部稍膨大。

分布于河北省兴隆县，林地上。有毒。

21. 平凹盘菌

Peziza depressa Pers., Observ. Mycol. (Lipsiae) 1: 40 (1796)

= *Peziza applanata* (Hedw.) Fr., Syst. Mycol. (Lundae) 2 (1): 64 (1822)

Humaria applanata (Hedw.) Rehm, Rabenh. Krypt.-Fl., Edn 2 (Leipzig) 1.3 (Lief. 43): 1019 (1894)

Galactinia depressa (Pers.) Boud., Hist. Class. Discom. Eur. (Paris): 48 (1907)

子囊盘深盘状，直径 1.8 cm，中央凹陷，边缘内卷，无柄。子实层新鲜时黄褐色，干燥呈棕褐色，子层托黄褐色，干后颜色浅于子实层，表面被黄色粉粒。外囊盘被为角胞组织，厚 100~440 μm，细胞无色，多角形，24~73 μm × 32~60 μm。子囊孢子椭圆形至长椭圆形，16.5~20 μm × 9~11 μm，内含 1 个大油滴或 2 个稍小的油滴，壁厚，表面幼时光滑，成熟后表面具明显的分散且独立的小疣。子囊棒状，向下渐细，无色，厚壁，具囊盖，成熟的子囊具 8 孢子，单行排列。侧丝无色，与子囊等高，具横隔，顶端不膨大或稍膨大，顶端直径 5~9 μm。

分布于北京市延庆区，林地上。食药用性未知。

22. 肉色盘菌

Peziza irina Quél., Grevillea 8 (45): 37 (1879)

= *Galactinia irina* (Quél.) Boud., Icon. Mycol. (Paris): Tab. 290 (Sér. II - Livr. 6) (1905)

子囊果小型，直径 0.8~2 cm，高 0.3~0.8 cm，中间凹陷，边缘内卷，火山口状，无柄。子实层新鲜时黄褐色至褐色，近光滑。子实托浅黄色至黄色，具细小的疣，基部菌丝白色。子囊圆柱状，子囊孢子椭圆状，8~15 μm×3~6 μm。

分布于北京市延庆区、河北省兴隆县。食药用性未知。

23. 米氏盘菌

Peziza michelii (Boud.) Dennis, British Cup Fungi & Their Allies: 15 (1960)

子囊果杯状，直径 1~5 cm，深凹，边缘全缘，向内翻转。子实层红棕色，略带紫色，光滑，厚 290 μm。子实托黄色至淡黄棕色，无柄到近无柄，单生。子囊圆柱状，具囊盖，8 孢子，单列，先端呈强淀粉样，近基部稍狭窄，260~278（300）μm×13~17 μm。子囊孢子单列，椭圆状，内含 2 个油滴，具纹饰，15~17（19）μm×9~10 μm。

分布于北京市延庆区，林地上。食药用性未知。

24. 耳状盘菌

Peziza saniosa Schrad., Syst. Nat., Edn 132 (2): 1459 (1792)

子囊盘中型，盘形、平展或呈波状，边缘稍内卷，中心多凹陷，直径 1.5~3 cm，无柄或具极短柄，中生，子实层新鲜时紫褐色至深褐色，带蓝色，子实托紫褐色，表面覆盖白色粉粒。子囊孢子椭圆状至长椭圆状，15~18 μm × 8~12 μm，壁厚，内含 2 个油滴，非淀粉样。子囊棒状或柱状，无色，300~400 μm × 12~17 μm，具囊盖，单囊壁，成熟的子囊具 8 孢子，单行排列。侧丝无色，与子囊等高或高出子囊 10~24 μm，直立，具横隔，无分枝，顶端膨大，膨大部位直径 5~7 μm。

分布于北京市延庆区，林地上。食药用性未知。

25. 多汁盘菌

Peziza succosa Berk., Ann. Mag. Nat. Hist., Sér. 16: 358 (1841)

子囊果中型，直径 1~2 cm，边缘全缘，无柄，半球形或近球形，中央凹陷，边缘弯曲。子实层黄褐色至蜡黄色，子实托浅黄色至蜡黄色。受伤后流出黄色汁液。子囊细长，稍弯曲，8 孢子，200~210 μm × 12~14 μm。子囊孢子椭圆状，19~22 μm × 10~12 μm。

分布于河北省赤城县，林地上。食药用性未知。

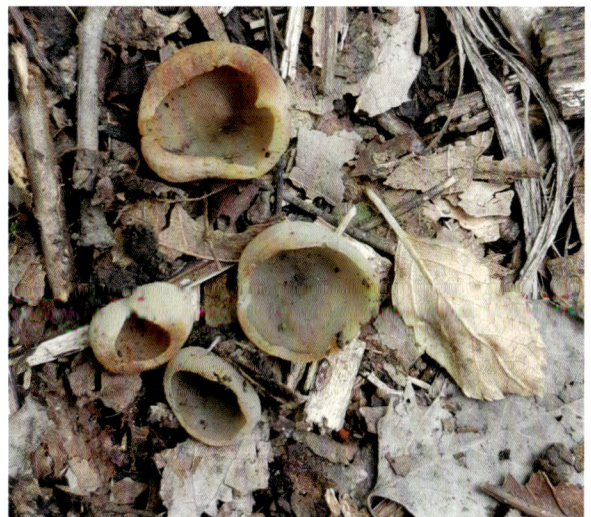

火丝菌科 Pyronemataceae

26. 粉红地盘菌

Geopora pinyonensis Flores-Rent. & Gehring, Mycologia 106 (3): 556 (2014)

子囊盘最初是地下生且闭合的，后来张开，子实层露出地上。新鲜标本子囊盘直径 1~2 cm，干燥时直径 0.5~0.8 cm，规则对称，球状或杯状，高 0.2~1 cm，开裂，脆，深褐色，边缘折叠或向后卷起，被透明或棕色茸毛。子囊圆柱状，薄壁，具囊盖，150~200 μm × 14~20 μm，透明，无淀粉样，8 孢子，单列。子囊孢子 16.8~22.3 μm × 8.5~10.2 μm，宽椭圆状，光滑，透明，壁稍厚，细胞内有颗粒状或油状物质，中央有 1~2 个油滴。

分布于河北省赤城县，林地上。食药用性未知。

27. 红毛盾盘菌

Scutellinia scutellata (L.) Lambotte, Mém. Soc. Roy. Sci. Liège, Série 214: 299 (1887)

= *Ciliaria scutellata* (L.) Quél. ex Boud., Hist. Class. Discom. Eur. (Paris): 61 (1907)

Peziza scutellata ß macrochaeta De Not., Comm. Soc. Crittog. Ital. 1 (Fasc. 5): 387 (1863)

Lachnea scutellata (L.) Gillet, Champignons de France, Discom. (3): 57 (1880) [1879]

子囊盘小型，直径 0.1~1.5 cm，扁平呈盾形，无柄。子实层鲜红色、深红色或橘红色，干燥后颜色变浅，平滑至有小皱纹，边缘凸起有褐色刚毛，刚毛长 2 mm，硬直，顶端尖，有分隔，壁厚。子囊圆柱状，190~240 μm×12~18 μm。孢子单行排列，孢子幼时光滑，成熟后有小疣，含 1~2 个油滴，椭圆状至宽椭圆状，14~22 μm×10~18 μm。侧丝无色，线形，无分隔，顶端膨大，7~9 μm。

分布于北京市延庆区，林地上。食药用性未知。

28. 地疣杯菌

Tarzetta sepultarioides Van Vooren, in Van Vooren, Carbone, Sammut & Grupe, Ascomycete.org 11 (6): 326 (2019)

子囊盘 4~8 mm，无柄，杯形，子实层浅米色至浅灰色；子实托浅米色至浅赭色。边缘啮蚀状，米色或赭色。囊盘被髓质，纹理交错，菌丝透明。子囊 260~280 μm×18~21 μm，圆柱状，基部伸长变窄，没有钩突，具囊盖，近念珠状，8 孢子。子囊孢子 22~25（26.5）μm×11.5（12）~13 μm，椭圆状，两端渐细至纺锤形，透明，光滑，厚壁，内含 2 个油滴。

分布于河北省赤城县，林地上。食药用性未知。

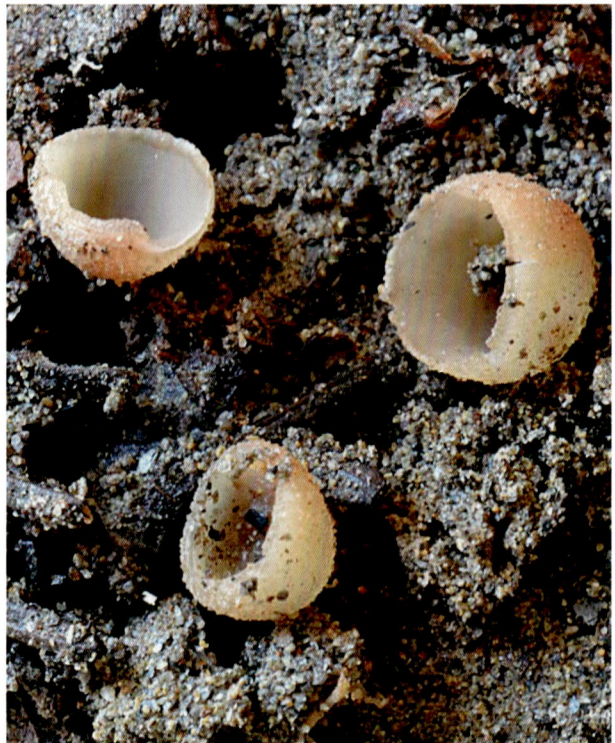

肉杯菌科 Sarcoscyphaceae

29. 白色肉杯菌

Sarcoscypha vassiljevae Raitv., Izv. Akad. Nauk Estonsk. SSR 13: 29 (1964)

子囊盘直径 0.8~2 cm，最大达 15~60 cm，碗形至盘形，米色至灰白色，具柄但不明显。子囊 290~360 μm×9~13 μm，侧丝简单。子囊孢子具有显著的中央大油滴，无色，长椭圆状，18~25 μm×10~13 μm。单生或群生于腐木上。

分布于北京市怀柔区，林地上。食药用性未知。

块菌科 Tuberaceae

30. 台湾块菌

Tuber formosanum H. T. Hu & Y. Wang, Mycotaxon 123: 296 (2013)

子囊果呈棕色至深棕色，球形至近球形，直径 2~10 cm。子囊果表面具金字塔形的粗疣，每个疣上大多有 4~7 条脊。产孢组织呈深褐色至黑色。子囊呈球状或宽椭圆状，22~50 μm × 33~55 μm，有短柄，2~4 孢子。孢子呈深褐色，椭圆状，直径 12.5~25 μm × 10~18 μm。孢子表面具刺，高约 3 μm。

分布于北京市昌平区、怀柔区、延庆区及河北省遵化市，板栗林或者杨树林等其他阔叶树林下。具食用性。

担子菌门
BASIDIOMYCOTA

蘑菇科 Agaricaceae

31. 球基蘑菇

Agaricus abruptibulbus Peck, Bull. N. Y. St. Mus. 94: 36 (1905)

= *Agaricus abruptus* Peck, Mem. N.Y. St. Mus. 3 (4): 163 (1900)

Psalliota abruptibulba (Peck) Kauffm., Michigan Geol. Biol. Surv. Publ., Sér. 526: 237 (1918)

菌盖直径 3~4 cm，凸镜形至扁半球形，中部凸起，后期平展，表面白色至浅黄白色，中部颜色深，边缘附有菌幕残片。菌肉厚，白色或浅黄色。菌褶离生，幼时灰白色，渐变为浅黄褐色，成熟后紫褐色。菌柄长 9~12 cm，直径 0.8~1 cm，圆柱状，基部膨大呈近球形。菌环上位，白色，膜质，易脱落。担孢子 6~9 μm × 4~5 μm，椭圆状至宽椭圆状，光滑，暗黄褐色至深褐色。

分布于天津市蓟州区，林地上。有毒。

32. 双孢蘑菇（双孢菇、白蘑菇、洋蘑菇）

Agaricus bisporus (J. E. Lange) Imbach, Mitt. Naturf. Ges. Luzern 15: 15 (1946)

= *Agaricus cookeanus* Bon, Docums Mycol. 16 (61): 16 (1985)

Agaricus hortensis (Cooke) S. Imai, J. Fac. Agric., Hokkaido Imp. Univ., Sapporo 43 (2): 258 (1938)

Psalliota hortensis (Cooke) J. E. Lange, Dansk Bot. Ark. 4 (12): 8 (1926)

子实体中型，菌盖直径 2~4 cm，幼时半球形，成熟后平展，近半球形至凸镜形，边缘常内卷，近白色至淡褐色，渐变淡黄色至黄褐色，有平伏纤毛，有鳞片，空气干燥环境下常有粗裂纹。菌肉白色，受伤后变淡红色，厚，具蘑菇特有的气味。菌褶幼时粉红色，渐变褐色至黑褐色，离生，密，窄，不等长。菌柄长 5~9 cm，直径 1.5~2 cm，近圆柱状，白色，内部松软或实心。菌环单层，上位至中位，白色，膜质，着生于菌柄中部，易脱落。担孢子 5~8 μm×4~6.5 μm，椭圆状，无芽孔，光滑，褐色。

分布于北京市平谷区，林地上。具食用性，味道鲜美。具药用性，可促进消化、降低血压、抗菌、抗肿瘤、抗氧化、免疫调节。

33. 双生蘑菇

Agaricus didymus Kerrigan, Mem. N. Y. bot. Gdn 114: 448 (2016)

菌盖直径 4~6 cm，幼时边缘轻微内卷，逐渐变平。菌盖皮层幼时苍白、灰白色，无毛，成熟后呈棕褐色，形成大的覆瓦状尖纤维状鳞片，白色。菌肉厚 22 mm，白色，长时间暴露空气后呈赭色，杏仁味。菌褶离生。菌柄棍棒状，长 8~15 cm，表面无毛，白色，处理后稍带赭色后呈暗灰色。孢子成熟时呈暗褐色，椭圆状，大小不一，通常 6~10 μm×4~7 μm，顶孔不明显。担子通常 4 孢子，棍棒状，21.5~33.5 μm×8~9.5 μm，褶缘囊状体丰富，球状或近球状至椭圆状，很少梨状。

分布于河北省兴隆县，林地上。食药用性未知。

34. 伊朗蘑菇

Agaricus iranicus Mahdizadeh, Safaie, Goltapeh, L. A. Parra & Callac, Fungal Biology 122 (1): 43 (2017)

菌盖直径 2.5~9 cm，半球形至凸形，成熟时通常凸形，有时在圆盘处凹陷，表面干燥，覆盖有白色、灰白色或浅褐色的纤维状鳞片在菌盖中央逐渐向边缘散布，成熟时颜色变深。边缘规则，薄。菌褶离生，密集，宽达 0.5 cm，粉红色至棕灰色，成熟时呈暗褐色。菌柄 6~10 cm×0.6~1.3 cm，棍棒状或宽棍棒状，向上渐狭，基部球状或较少圆柱状，中心实心或空心的，顶端有菌环，菌环上下表面白色至灰白色，常有纵向条纹。气味微弱。

分布于北京市平谷区、天津市蓟州区，林地上。食药用性未知。

35. 大盖蘑菇

Agaricus macrocarpus F. H. Møller, Friesia 4 (3): 204 (1952)

= *Agaricus arvensis* var. *macrocarpus* (F. H. Møller) E. Ludw., Pilzkompendium (Eching) 2 (2): 69 (2007)

Psalliota macrocarpa F. H. Møller, Friesia 4 (3): 153 (1952)

菌盖直径 2~10 cm，半球形至凸形，成熟时平展，表面光滑。边缘规则，薄。菌褶离生，密集，粉红色至棕灰色，成熟时呈暗褐色。菌柄 4~10 cm×0.6~2 cm，中心实心或空心，棍棒状或宽棍棒状，向上渐狭，基部球状或较少圆柱状，中部有菌环，菌环上下表面白色至灰白色，常有纵向条纹。气味微弱。

分布于北京市延庆区，林地上。食药用性未知。

36. 暗鳞蘑菇

Agaricus phaeolepidotus F. H. Møller, Friesia 4 (3): 204 (1952)

= *Agaricus meleagris* var. *perdicinus* Pilát, Sb. Nár. Mus. v Praze, Rada B, Prír. Vedy 7 (1): 108 (1951)

Agaricus phaeolepidotus var. *minimus* Raithelh., Hong. Arg. (Buenos Aires) 1: 145 (1974)

菌盖直径 0.5~5 cm，半球形至凸形，表面灰褐色至咖啡色，有纤维状鳞片。边缘规则，薄。菌褶离生，密集，白色。菌柄 1~5 cm×0.3~1 cm，中心实心或空心，棍棒状或宽棍棒状，向上渐狭，基部球状或较少圆柱状，菌柄无菌环。

分布于北京市怀柔区，林地上。食药用性未知。

37. 中国林地蘑菇

Agaricus sinoplacomyces P. Callac & R. L. Zhao, Phytotaxa 257 (2): 115 (2016)

菌盖直径 4~10 cm，圆锥形，成熟时突起或平凸至平面，有时中心凹陷，表面覆盖有纤维状的鳞片，通常呈粉状。菌肉厚 5~8 mm，白色，肉质。菌褶离生，密集，直径 4~6 mm，幼时为粉红色至粉褐色，成熟时呈深褐色，边缘全缘。菌柄长 42~150 mm，直径 7~10 mm，圆柱状，基部突然隆起，表面白色，光滑如丝，中空。菌环大，直径 15~30 mm，下垂。担孢子 4~6 μm×2~4 μm，椭圆状或圆柱状，光滑，厚壁，褐色。担子 11.5~15 μm×3.8~6 μm，透明，光滑，棍棒状，4 孢子。未观察到褶缘囊状体和侧生囊状体。菌盖皮层由宽 3.9~9.6 μm 的菌丝组成，宽棍棒状，光滑。

分布于北京市怀柔区，林地上。食药用性未知。

38. 黄斑蘑菇

Agaricus xanthodermus Genev., Bull. Soc. Bot. Fr. 23: 31 (1876)

= *Agaricus pearsonianus* Contu & Curreli, Micologia Veneta 1 (4): 12 (1985)

Psalliota xanthoderma var. *grisea* A. Pearson, Trans. Br. Mycol. Soc. 29 (4): 204 (1946)

Psalliota grisea (A. Pearson) Essette, Psalliotes: Tab. 42 (1964)

Agaricus pseudocretaceus Bon, Docums Mycol. 15 (60): 34 (1985)

子实体中至大型。菌盖直径 4~7 cm，可达 13 cm，幼时凸镜形或半球形，成熟后渐平展。表面污白色，中央带淡棕色，光滑，受伤部位呈金黄色。边缘内卷无条棱，浅黄色。菌肉白色，靠近表皮处及菌柄基部变黄色最明显，较厚。菌褶淡粉色至黑褐色，较密，离生，不等长。菌柄长 5~12 cm，直径 1~2 cm，圆柱状，近基部膨大，白色，光滑，幼时实心，成熟后空心，基部球形膨大处黄色。菌环中上位，膜质，无菌托。担孢子 5~6.5 μm×3~4.5 μm，椭圆状或近球状，光滑，棕褐色。

分布于北京市昌平区、怀柔区，林地上。有毒，含胃肠道刺激物，食后会引起头痛及腹泻等。具药用性，可制作抗菌剂。

39. 冠状灰球菌

Bovista capensis (Fr.) J. C. Coetzee & A. E. van Wyk, Bothalia 35 (1): 75 (2005)

= *Lycoperdon capense* Cooke & Massee, in Massee, J. Roy. Microscop. Soc., Sér. 2: 714 (1887)

子实体直径为 1~3 cm，呈球形或扁球形，基底有白色菌丝。包被呈白色，成熟后呈浅黄色至浅褐色。包被最终会脱落。孢子 3~4.5 μm × 2~3.5 μm，呈卵状，表面光滑，有长 5~10 μm 的梗。孢丝非相互交织的，孢丝壁较厚。

分布于北京市怀柔区，林地上。具食用性。

40. 海角灰球菌

Bovista promontorii Kreisel, Beih. Nova Hedwigia 25: 225 (1967)

子实体直径为 1.5~3.5 cm，呈球形或扁球形，基底有白色菌丝。包被呈白色，成熟后呈浅黄色至浅褐色。包被最终会脱落，但包被在炎热、干燥的地方则会较迟脱落。孢子 5~6.5 μm × 4~5.5 μm，呈卵状，拥有一层厚厚的孢子壁，表面光滑，有长 7.5~11.5 μm 的梗。孢丝非相互交织，孢丝壁较厚，具弯曲性。

分布于北京市怀柔区，林地上。具食用性。

41. 脓疱灰球菌

Bovista pusilliformis (Kreisel) Kreisel Reprium Nov. Spec. Regni Veg. 69: 202 (1964)

≡ *Lycoperdon pusilliforme* Kreisel, Reprium Nov. Spec. Regni Veg. 64: 132 (1962)

子实体直径 2~5 cm，呈球形或扁球形。包被呈白色至浅褐色，成熟后呈浅黄色至浅褐色，最终会脱落。孢子 5~6.5 μm×3~4.5 μm，呈卵状，拥有一层厚厚的孢子壁，表面光滑，有 5.5~10 μm 的梗。孢丝非相互交织，孢丝壁较厚，具弯曲性。

分布于北京市密云区，林地上。具食用性。

42. 毛头鬼伞（鸡腿蘑、鸡腿菇）

Coprinus comatus (O. F. Müll.) Pers., Tent. Disp. Meth. Fung. (Lipsiae): 62 (1797)

= *Agaricus comatus* O.F. Müll., Fl. Danic. 5: Tab. 834 (1780)

Agaricus fimetarius Bolton, Hist. Fung. Halifax (Huddersfield) 1: 44, Tab. 44 (1788)

Coprinus ovatus (Schaeff.) Fr., Epicr. Syst. Mycol. (Upsaliae): 242 (1838)

子实体中至大型。菌盖直径 2.5~8 cm，高 5~13 cm，幼圆筒形，后呈钟形，开伞后很快边缘菌褶溶化成墨汁状液体，幼时白色，有绢丝样光泽，顶部淡土黄色，光滑，成熟后渐变褐色至浅褐色，表皮开裂成平伏且反卷的鳞片。菌肉白色，中央厚，四周薄。菌褶幼时白色，成熟后变为粉灰色至黑色，后期与菌盖边缘一同自溶为墨汁状。菌柄较细长，长 7~25 cm，直径 1~2 cm，圆柱状且向下渐粗，基部纺锤形并深入土中，白色，空心。菌环白色，膜质，后期可以上下移动，易脱落。孢子光滑，黑色，椭圆状，12.5~16 μm × 7.5~9 μm。

分布于北京市延庆区、门头沟区，林地上。具食用性，但其含有石炭酸等胃肠道刺激物，尤其与酒类同吃易中毒。具药用性，可促进消化，治疗痔疮和糖尿病，抗肿瘤、抗真菌、抗氧化等。

43. 粪生黑蛋巢菌

Cyathus stercoreus (Schwein.) De Toni, Syll. Fung. (Abellini) 7 (1): 40 (1888)

= *Cyathia stercorea* (Schwein.) V. S. White, Bull. Torrey Bot. Club 29: 266 (1902)

Cyathodes lesueurii (Tul. & C. Tul.) Kuntze [as 'lessueurii'], Revis. Gen. Pl. (Leipzig) 2: 851 (1891)

子实体小型，高 0.5~1.5 cm，直径 0.3~0.5 cm，倒圆锥形、碗形或鸟巢形。有时基部狭缩延伸成短或较长的柄，呈高脚杯形或漏斗形，基部菌丝垫明显，褐色。包被外侧浅色至暗色，被灰白色至浅黄色的茸毛或粗硬毛，内侧浅灰色、暗栗色、褐色、污褐色至近黑色，口缘平整，偶具污褐色的流苏，内外侧光滑，无条纹。小包数个，1~2.5 mm × 1~2.2 mm，扁圆状或近圆状，黑色，具光泽，由根状菌索固定于杯中；小包壁的外层由褐色粗丝组成。担子棒状，4 孢子，40~50 μm × 12~15 μm。孢子球形至宽椭圆状，厚壁，22~38 μm × 18~38 μm。

分布于北京市怀柔区，林地上。具药用性，可治疗胃病。

44. 红鳞囊小伞

Cystolepiota squamulosa (T. Bau & Yu Li) Zhu L. Yang, Mycosystema 36 (5): 545 (2017)

≡ *Lepiota squamulosa* T. Bau & Yu Li, J. Fungal Res. 2 (3): 49 (2004)

菌盖直径 0.5~2 cm，凸状至扁平形，表面粉红色，覆盖粉红色的颗粒状或疣状鳞片，菌肉白色。菌褶白色至乳白色，高度可达 2.5 mm。菌柄长 2~3.5 cm，直径 1~2 mm，白色至淡白色，下半部有粉红色鳞片，具菌环，白色，先落。担子 15~20 μm×5~6 μm，4 孢子。孢子 3~6 μm×2.5~3.5 μm，椭圆状，光滑或具细疣。无侧生囊状体。褶缘囊状体分化不明显，菌褶边缘偶有无色透明的棍棒状至近纺锤状细胞。

分布于北京市昌平区，林地上。食药用性未知。

45. 白黄卷毛菇

Floccularia albolanaripes (G. F. Atk.) Redhead, Can. J. Bot. 65 (8): 1556 (1987)

≡ *Armillaria albolanaripes* G. F. Atk., Annls Mycol. 6 (1): 54 (1908)

菌盖直径 4~7 cm，扁平至平展，黄色至鲜黄色，被淡褐色细小鳞片，中央色稍深并有明显凸起。菌肉白色，伤不变色。菌褶弯生，米色至淡黄色。菌柄长 6~10 cm，直径 0.5~1 cm，顶部白色、光滑，中部及下部米色至淡黄色，被黄色鳞片。担孢子 6~7.5 μm×4~5 μm，椭圆状，无色，光滑，弱淀粉样。

分布于北京市门头沟区，林地上。具食用性。

46. 盾形环柄菇（细环柄菇）

Lepiota clypeolaria (Bull.) P. Kumm, Führ. Pilzk. (Zerbst): 137 (1871)

≡ *Agaricus clypeolarius* Bull., Herb. Fr. (Paris) 9: Pl. 405 (1789)

= *Lepiota ochraceosulfurescens* Locq., Bull. Mens. Soc. Linn. Soc. Bot. Lyon 14: 56 (1945)

  Lepiota ochraceosulfurescens Locq. Ex Bon, Docums Mycol. 16 (61): 46 (1985)

  Mastocephalus clypeolarius (Bull.) Kuntze, Revis. Gen. Pl. (Leipzig) 2: 860 (1891)

子实体小型。菌盖直径 3~6 cm，幼时扁半球形，成熟后扁平且中部稍凸起，表面白色，有红褐色、黄褐色、浅褐色至茶褐色鳞片且中部密集，边缘鳞片渐少而具条纹或有絮状菌幕残片。菌肉薄，白色。菌褶白色，离生，稍密，不等长。菌柄长 5~12 cm，直径 0.3~1 cm，白色，菌环以上近光滑，白色，菌环以下具白色至浅褐色毛状鳞片，实心至松软，质脆。菌环近膜质，易碎，易脱落，着生于菌柄上部。基部常具白色的菌索。担孢子 11~15 μm × 4.5~7 μm，侧面呈纺锤状或近杏仁状，光滑，无色。

分布于河北省怀来县、北京市延庆区，林地上。具食用性，但由于其口味不佳且不熟易引发肠胃炎，不建议食用。

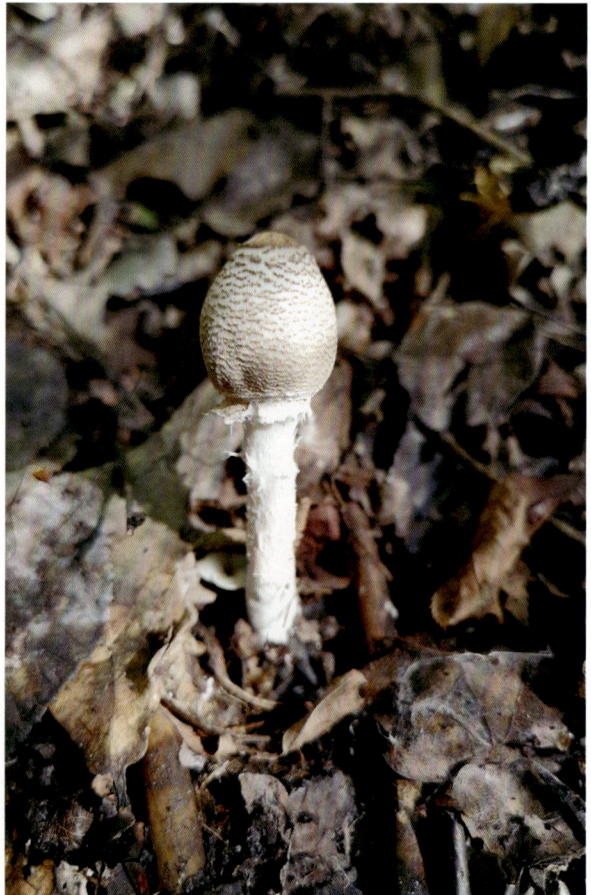

47. 光盖环柄菇

Lepiota coloratipes Vizzini, J. F. Liang, Jančovič. & Zhu L. Yang, Mycol. Progr. 13 (1): 174 (2013)

菌盖直径 0.8~3 cm，幼时钟形、半球形或宽圆锥形，成熟后平凸至扁平，近脐状凸起，颜色多变，幼时菌盖几乎完全白色，不久中央会出现褐色斑点，成熟后会变成浅棕色、骆驼色、棕色或深棕色，边缘呈棕橙色，边缘总是浅象牙色至白色，成熟时表面平滑。菌肉薄，肉质，白色。菌褶白色至米色。菌柄长 1.5~4 cm，直径 1~3 mm，圆筒状，通常规则，但偶尔也稍曲折，中空，表面浅肉色至淡褐色，有时污白色。菌环上位，丝膜状，易消失。担孢子 3~4 μm×2.5~3 μm，宽椭圆状至椭圆状，光滑，无色，拟糊精样。盖表皮由子实层状排列的细胞组成。

分布于北京市怀柔区，林地上。食药用性未知。

48. 冠状环柄菇（小环柄菇）

Lepiota cristata (Bolton) P. Kumm, Führ. Pilzk. (Zerbst): 137 (1871)

≡ *Agaricus cristatus* Bolton, Hist. Fung. Halifax (Huddersfield) 1: 7 (1788)

= *Lepiotula cristata* (Bolton) Locq. Ex E. Horak, Beitr. Kryptfl. Schweiz 13: 338 (1968)

Tricholoma miculatum (Fr.) Gillet, Hyménomycètes (Alençon): 110 (1874)

子实体小型。菌盖直径 2~6 cm，白色至污白色，中部至边缘有红褐色至褐色鳞片，边缘近齿状，中央具钝的红褐色光滑凸起。菌肉白色，较薄，具令人不愉悦的气味。菌褶白色，离生，较密，不等长。菌柄细长，长 3~10 cm，直径 0.2~0.8 cm，圆柱状，空心，白色，后变为红褐色，表面光滑，基部稍膨大。菌环上位，白色，易消失。孢子印白色。孢子无色，光滑，椭圆状、长椭圆状或近似角状，5.5~8 μm×3~4.5 μm。有褶缘囊状体。

分布于北京市密云区、怀柔区，林地上。有毒。

49. 少鳞环柄菇

Lepiota oreadiformis Velen, České Houby (Praze) 1: 215 (1920)

= *Agaricus clypeolarius* var. *pratensis* Bull., Herb. Fr. (Paris) 3: Pl. 105 (1789)

Lepiota laevigata (J. E. Lange) J. E. Lange, Dansk bot. Ark. 4 (4): 47 (1923)

子实体小型。菌盖直径 2~5 cm，浅褐色至褐色，中部至边缘有少量白色或褐色鳞片，边缘开裂，中央具钝的褐色光滑凸起。菌肉白色，较薄。菌褶白色，离生，较密，不等长。菌柄细长，长 2~6 cm，直径 0.1~0.5 cm，圆柱状，空心，白色，表面光滑，基部稍膨大。孢子无色，光滑，长椭圆状，3.5~5 μm×1.5~2.5 μm。有褶缘囊状体。

分布于北京市昌平区、怀柔区，林地上。食药用性未知。

50. 雪黄白环蘑

Leucoagaricus nivalis (W. F. Chiu) Z. W. Ge & Zhu L. Yang, Mycosystema 36 (5): 548 (2017)

≡ *Lepiota nivalis* W. F. Chiu, Science Reports of National Tsing Hua University, Séries B, Biological and Psychological Sciences 3 (3): 177 (1948)

菌盖直径 1.2~4 cm，凸起至扁平，具脐状凸起。表面白色，无毛到辐射状纤维，成熟时边缘具细条纹。菌肉白色，受伤不变色。菌褶白色，高可达 3 mm。菌柄长 2~7 cm，直径 0.2~0.5 cm，表面白色，菌环以上无毛，菌环以下细纤维状至近无毛，菌环膜质。担子 7~20 μm×6~7 μm，具 4 个担孢子。担孢子 6~9 μm×3~5 μm，卵球状，通常先端狭窄，无芽孔，光滑，壁稍厚。无管缘囊状体。侧生囊状体 15~35 μm×6~11 μm，棍棒状至窄棍棒状，无色透明。

分布于北京市顺义区、密云区，林地上。食药用性未知。

51. 紫斑白环蘑

Leucoagaricus purpureolilacinus Huijsman, Fungus, Wageningen 25: 34 (1955)

= *Lepiota glabridisca* Sundb., Mycotaxon 8 (2): 447 (1979)

Leucoagaricus purpureorimosus Bon & Boiffard, Docums Mycol. 8 (29): 37 (1978)

菌盖直径 1~3 cm，凸起到扁平。表面白色，成熟时边缘具细条纹。菌肉白色，受伤不变色。菌褶白色。菌柄长 2~6 cm，直径 0.2~0.5 cm，表面白色。担子 7~15 μm × 6~7 μm，4 孢子。担孢子 6~9 μm × 3~5 μm，卵球状，通常先端狭窄，无芽孔，光滑，壁稍厚。无管缘囊状体。

分布于河北省兴隆县，林地上。食药用性未知。

52. 红盖白环蘑（红色白环菇）

Leucoagaricus rubrotinctus (Peck) Singer, Index Fungorum 551: 1 (2023)

= *Agaricus rubrotinctus* Peck, Ann. Rep. N. Y. St. Mus. nat. Hist. 35: 155 (1884)

Lepiota rubrotincta Peck, Ann. Rep. Reg. N. Y. St. Mus. 44: 179 (1891)

Leucoagaricus rubrotinctus (Peck) Singer, Sydowia 2 (1-6): 36 (1948)

菌盖直径 3~8 cm，幼时半球形至扁半球形，渐平展后中部稍凸起，表面有暗红色鳞片及红褐色条纹，成熟后边缘破裂。菌肉白色，近表皮下带红色，较薄。菌褶白色，离生，较密，不等长。菌柄长 4~6 cm，直径 0.3~0.7 cm，圆柱状，下部稍弯曲，纯白色，空心。菌环白色，边缘红褐色，膜质，生菌柄之上部。孢子印白色。孢子无色，光滑，发芽孔不明显，卵圆状、纺锤状或椭圆状，6.5~8 μm × 4~4.5 μm。褶缘囊状体棒状或近纺锤形，顶部钝圆，24~35 μm × 7~13 μm。

分布于北京市怀柔区、密云区，林地上。食药用性未知。

53. 横膜马勃

Lycoperdon curtisii Berk., Grevillea 2 (16): 50 (1873)

= *Vascellum curtisii* (Berk.) Kreisel, Feddes Repert. Spec. Nov. Regni Veg. 68: 86 (1963)

子实体高 2~5 cm，直径 2~3cm，近球形至近梨形，不育基部较短，褐色，表面被呈网状斑纹。内包被成熟后紫褐色。担孢子直径 3~5 μm，近球状，具小疣和易脱落的细柄，褐色。

分布于北京市平谷区，林地上。具食药用性。

54. 钩刺马勃

Lycoperdon echinatum Pers., Ann. Bot. (Usteri) 11: 28 (1794)

= *Lycoperdon gemmatum* var. *echinatum* (Pers.) Fr., Syst. Mycol. (Lundae) 3 (1): 37 (1829)

Utraria echinata (Pers.) Quél., Mém. Soc. Émul. Montbéliard, Sér. 25: 367 (1873)

子实体高 2~4 cm，直径 2~4.5 cm，近球形至近梨形，不育基部较短，浅青褐色，具粗壮暗褐色的长刺。顶部聚集，后期脱落，遗留周围小疣，使包被呈网状斑纹。内包被成熟后紫褐色。担孢子直径 5~5.5 μm，近球状，具小疣和易脱落的细柄，褐色。

分布于河北省兴隆县，林地上。具食药用性。

55. 光滑白马勃

Lycoperdon fucatum Lév., Annls Sci. Nat., Bot., Sér. 32: 219 (1844)

子实体高 2~3 cm，直径 1~3 cm，近球形至近梨形，表面白色至灰白色，无网状斑纹。内包被成熟后褐色。担孢子直径 3~5 μm，近球状，具小疣和易脱落的细柄，褐色。

分布于北京市密云区，林地或裸露土地上。具食药用性。

56. 光皮马勃

Lycoperdon glabrescens Berk., in Hooker, Bot. Antarct. Voy., Ⅲ, Fl. Tasman. 2: 265 (1859).

子实体小型，直径 1.1~1.6 cm，梨形或陀螺形，不育基部发达。包被茶色，外包被由不易脱落的颗粒状小疣组成；内包被膜质。孢体浅烟色。孢子青黄色，光滑，球状，直径 3.5~4.5 μm，具 10~12 μm 的小柄。孢丝与孢子同色，细长，分枝，相互交织，长 3~4 μm。

分布于北京市昌平区，林地上。具食用性。

57. 梨形马勃（梨形灰包）

Lycoperdon pyriforme Schaeff, Fung. Bavar. Palat. Nasc. (Ratisbonae) 4: 128 (1774)

子实体小型，高 2~3.5 cm，直径 1.5~2.5 cm，梨形至近球形，不育基部发达，由白色菌丝束固定于基物上，新鲜时奶油色至淡褐黄色，成熟后栗褐色，分为头部和柄部。头部表面具疣状颗粒或细刺，或具网纹。孢子橄榄色，平滑，薄壁，具油滴，球状，直径 3.5~4.5 μm。孢丝青色，分枝少，无隔膜，长 3.5~5.2 μm，末梢部约 2 μm。

分布于北京市怀柔区，林地上。具食药用性，可抗肿瘤、抗菌、止血、清肺、缓解咽喉肿痛、解毒。

58. 环状马勃

Lycoperdon rimulatum Peck, in Morgan, Trans. Wis. Acad. Sci. Arts Lett. 7: 117 (1888)

= *Lycoperdon decipiens* var. *rimulatum* (Peck) F. Šmarda, Fl. ČSR, B-1, Gasteromycetes: 354 (1958)

子实体球形、近球形至梨形，直径 1.5~5 cm，高 2~4 cm，具分枝的根状菌索。包被两层，外包被光滑或形成柔毛，顶部常形成细小平伏的刺，幼时白色至近白色，成熟后变为淡黄色、灰黄色、浅褐色至褐色，有时具浅黄褐色或黄褐色的斑；内包被淡黄色、灰黄色，光滑，纸质，顶端具孔口，撕裂状。不育基部中等大小或不发达，灰褐色。孢体成熟时粉末状至稍呈棉絮状，灰褐色至红褐色。孢丝，具弹性，分枝，末端长且渐狭，灰褐色，表面光滑，无隔，直径 3~5.5 μm，壁厚 1.0 μm，纹孔大量。拟孢丝偶见，具隔。担孢子球状，直径 6~8 μm，光学显微镜下具明显微柱状的疣，密布，高 1.4 μm，淡褐色，中央具油滴，具小柄。

分布于河北省赤城县，林地上。食药用性未知。

59. 赭色马勃（赭褐马勃、暗褐马勃）

Lycoperdon umbrinum Pers., Ann. Bot. (Usteri) 11: 28 (1794)

= *Lycoperdon hirtum* (Pers.) Mart., Fl. Crypt. Erlang. (Nürnberg): 386 (1817)

Lycoperdon umbrinum var. *hirtum* Pers., Syn. Meth. Fung. (Göttingen) 1: 148 (1801)

子实体小型，直径 2.5~4 cm，高 3~5.5 cm，近梨形或陀螺形，不育基部发达，幼时白色，成熟后呈浅褐色、蜜黄色至茶褐色及浅烟色，外包被粉粒状或小刺粒，不易脱落，成熟时仅有部分脱落露出光滑的内包被。孢体青黄色，最后呈栗色。孢子由青黄变褐色，有小刺和长 1 μm 的短柄，球形，内部有油滴，3.7~7 μm。孢丝褐色，长，不分枝，粗 3~7 μm。

分布于北京市昌平区，林地上。具食药用性，可消炎、止血、抗菌。

60. 白刺马勃

Lycoperdon wrightii Berk. & M. A. Curtis, Grevillea 2 (16): 50 (1873)

子实体小型，直径 0.5~3 cm，高 0.5~2 cm，外包被有密集的白色小刺，尖端呈角锥形，后期小刺脱落，露出淡色的内包被。孢子体青黄色，不育的基部小或无。孢子浅黄色，粗糙，含有 1 个大油滴，球状，直径 3~4.5 μm；孢丝近无色，线形，分枝少，壁薄，有横隔，长 3.5~7.5 μm。

分布于北京市昌平区，林地上。具药用性，可止血、消炎、抗菌、解毒。

61. 鳞片灰锤

Tulostoma squamosum (J. F. Gmel.) Pers., Syn. Meth. Fung. (Göttingen) 1: 139 (1801)

= *Tulostoma verrucosum* Morgan, J. Cincinnati Soc. Nat. Hist. 12 (4): 164 (1890)

孢子囊球形，直径 1.5~2 cm。外包囊薄膜质，呈小鳞片状脱落，一般为深色，有时也呈粉白色；内包囊呈淡黄色至赤褐色，甚至赭橙色，光滑。菌柄长 4~5 cm，直径 0.4~0.8 cm，暗褐色至肉桂色，有时带红色，光亮，有鳞，鳞片覆瓦状。孢子黄褐色，具棘状装饰，球状至近球状，5.4~6.5 μm × 4.7~5.8 μm。

分布于北京市顺义区，林地上。食药用性未知。

鹅膏科 Amanitaceae

62. 北方鹅膏

Amanita borealis H. Zhou & C. L. Hou, Front. Plant Sci. 14: 12267941 (2023)

担子果小至中型。菌盖直径 2~6 cm，平凸至平形，中心没有明显的凹陷或脐，表面浅褐色、褐色至深褐色，中心更深，金字塔形、亚锥形至锥形。菌盖上的菌幕残留污白色至白色，边缘稍有条纹，无附属物，髓部白色，受伤不变色。菌褶分离，密集，白色，截形，丰富的薄片。菌柄长 5~10 cm，顶部直径 0.4~1.1 cm，近圆筒状或稍向上渐狭，表面白色，绸缎光泽，无毛或覆盖着多疣、絮状的鳞片，内部白色至淡黄色，基部菌柄亚球状至纺锤状，直径 1.5~2.5 cm，白色至淡黄色，菌柄基部残留有絮状的菌幕，呈带状排列在柄的下部，在柄和基部鳞茎之间的界限上，经常会在菌柄和局部菌柄间形成一个领状或短肢状的菌幕，白色至淡黄色。担子 30~50 μm × 7.5~14 μm，细长棒状，4 孢子，具收缩，透明。担孢子 8~11.5 μm × 5~8.5 μm，宽椭圆状至椭圆状，薄壁，透明，淡黄色，光滑，细小且尖，具淀粉样。

分布于北京市平谷区、昌平区，林地上。食药用性未知。

63. 褐盖鹅膏

Amanita brunneola H. Zhou & C. L. Hou, Front. Plant Sci. 14: 12267941 (2023)

担子果小至中型。菌盖直径 3~7 cm，平凸至平形，中心具脐，表面棕色至深橘色，菌盖表面有疣突状或圆锥状的鳞片，菌盖上的菌幕残留污白色至白色，边缘稍有条纹，无附属物，髓部白色，受伤不变色。菌褶分离，密集，白色至奶油色，截形，丰富的薄片。菌柄长 5~15 cm，顶部直径 0.5~1.5 cm，近圆筒状或向上渐细，先端稍膨大，白色至浅灰色，菌环上部无毛，菌环下部浓密覆盖有灰色至深灰色的鳞片，内部白色，中空，无基部菌柄。担子 35~50 μm × 8.5~15 μm，细长棒状，4 孢子，具收缩，透明。担孢子 9.5~12 μm × 7.5~9.5 μm，几乎为椭圆状，偶有宽椭圆状，薄壁，透明，光滑，偶有小尖。

分布于北京市密云区、昌平区，林地上。食药用性未知。

64. 拟橙盖鹅膏

Amanita caesareoides Lj. N. Vassiljeva, Notul. Syst. Sect. Cryptog. Inst. Bot. Acad. Sci. U.S.S.R. 6: 199 (1950)

= *Amanita caesarea* var. *caesareoides* (Lj. N. Vassiljeva) Wasser, Ukr. Bot. Zh. 45 (6): 77 (1988)

菌盖直径 7~10 cm，幼时卵形或凸，后凸至平凸，光滑，表面亮红色至血红色或橙红色，有时橙色，很少黄色，边缘具长 10~25 mm 的条纹。菌褶在中心部位直径 5~10 mm，分离，浓密，表面浅黄色至黄色，边缘浅黄色至黄色或橘黄色。菌柄长 10~16 cm，上部直径 1~1.5 cm，基部直径 1.3~1.6 cm，圆柱形，幼时实心，后中空，表面底色黄色，有时向基部覆盖有黄橙色或橙红色斑块。担子 35~55 μm × 8.5~12 μm，近棒状或亚圆柱状，4 孢子，极少 1~2 孢子，薄壁，具一些油滴，透明，基部隔膜收缩。担孢子 7.5~11 μm × 6.5~8.5 μm，亚球状至宽椭圆状或椭圆状，很少球状，薄壁，内含 1 个或多个油滴，透明。

分布于北京市怀柔区，林地上。具食用性。

65. 黄边鹅膏近似种

Amanita aff. *hamadae*

　　菌盖直径 5~6 cm，具明显脐状凸起，中心暗褐色至褐色，至边缘呈棕黄色至黄色。菌盖无菌幕残留，边缘具条纹，无附属物。菌褶白色至奶油色，菌幕截形。菌柄长 13~15 cm，直径 1~1.5 cm，白色至淡黄色，基部菌托缺失，菌柄上的菌幕残留呈囊状，高 2~4 cm，直径 1.5~2 cm。菌环缺失。担子 50~60 μm×11~13 μm，棍棒状，4 孢子。担孢子 10~13 μm×8~9.5 μm，宽椭圆状至椭圆状，非淀粉样，无色，薄壁，光滑，细尖且小。所有组织均无锁状联合。

　　分布于北京市怀柔区，林地上。食药用性未知。

66. 长条棱鹅膏

Amanita longistriata S. Imai, J. Fac. agric., Hokkaido Imp. Univ., Sapporo 43 (1): 11 (1938)

= *Amanitopsis longistriata* (S. Imai) E.-J. Gilbert, in Bresadola, Iconogr. Mycol., Suppl. I (Milan) 27: 75 (1940)

　　子实体小至中型。菌盖直径 2~6 cm，幼时近卵圆形至近钟形，后期近平展，往往中部低中央稍凸，边缘灰色、浅灰色或浅黄色，有时略带有粉红色，中间灰棕色至褐色，边缘有放射状长条棱。菌肉污白色至白色，近表皮处色暗，薄。菌褶直径 8~11 mm，污白色至微带粉红色，离生，稍密，不等长，短菌褶似刀切状。菌柄长 9~15 cm，直径 0.4~1 cm，细长圆柱形，上部渐细，污白色，表面平滑，内部松软至中空。菌环污白色，膜质，生菌柄上部。菌托污白色，苞状。孢子印白色。担孢子 8~13 μm×7.5~11 μm，卵圆状至近球状或宽椭圆状，光滑，无色，非淀粉样。

　　分布于北京市昌平区，林地上。有毒。

67. 毒蝇鹅膏

Amanita muscaria (L.) Lam., Encycl. Méth. Bot. (Paris) 1 (1): 111 (1783)

= *Agaricus aureolus* Kalchbr., Icon. Sel. Hymenomyc. Hung. (Budapest) 1: 9 (1873)

  Agaricus muscarius L., Sp. Pl. 2: 1172 (1753)

  Amanita aureola (Kalchbr.) Sacc., Syll. Fung. (Abellini) 5: 12 (1887)

  Amanita circinnata Gray, Nat. Arr. Brit. Pl. (London) 1: 600 (1821)

子实体中至大型。菌盖直径 8~12 cm，幼时半球形，成熟后扁平至平展，有时中部稍凹，鲜时黏，边缘有短浅而明显的棱纹，中部颜色深，橘红色至鲜红色，边缘淡橘黄色至米黄色。菌盖上的鳞片锥状或破布状，白色至浅黄色。菌肉白色，靠近盖表皮处红色。菌褶离生，较密，不等长，白色，干燥后米黄色，小菌褶近菌柄端多平截。菌柄长 12~13.5 cm，直径 1~2.5 cm，圆柱状，向下渐粗，基部膨大呈球状至近球状，直径 1.5~2 cm，下半部常被不规则状鳞片，内部松软至空心，白色，干燥后具褐色，鳞片白色。菌环上位，白色，膜质。菌托由数圈白色絮状颗粒组成。担孢子 9~11 μm × 6~9 μm，内含油滴，宽椭圆状至椭圆状，稀近球状，光滑，无色，非淀粉样。

分布于河北省赤城县，林地上。有毒，具药用性，可抗肿瘤、治疗失眠、抗氧化。

68. 雪白鹅膏

Amanita nivalis Grev., Scott. Crypt. Fl. (Edinburgh) 1: 18 (1822)

= *Amanitina nivalis* (Grev.) E.-J. Gilbert, in Bresadola, Iconogr. mycol., Suppl. I (Milan) 27: 78 (1940)

Amanitopsis nivalis (Grev.) Sacc., Syll. Fung. (Abellini) 5: 22 (1887)

菌盖直径 3~6.5 cm，具轻微脐状凸起，浅灰色、灰棕色至污白色，菌盖无菌幕残留，边缘具条纹，无附属物。菌褶白色至灰色，菌褶边缘棕色至灰色，截形。菌柄长 4~8 cm，直径 0.5~1.2 cm，污白色，覆盖有小片，鳞片浅灰色、灰色至浅褐色，基部菌托缺失，菌柄上的菌幕残留呈囊状，高 2~4 cm，直径 1~2.5 cm，菌环缺失。担子 50~78 μm × 16~20 μm，棍棒状，4 孢子。担孢子 9~14 μm × 9~13.5 μm，球状至亚球状，无色，薄壁，光滑，细尖且小。所有组织均无锁状联合。

分布于河北省兴隆县，林地上。食药用性未知。

69. 雪白鹅膏近似种

Amanita aff. *nivalis*

菌盖直径 2~5 cm，浅灰色、灰棕色至污白色，菌盖无菌幕残留，边缘具条纹，无附属物。菌褶白色至浅灰色。菌柄长 2~7 cm，直径 0.5~1 cm，白色，覆盖有小片，白色至浅褐色鳞片，基部菌托缺失，菌环缺失。担子 40~80 μm × 10~20 μm，棍棒状，4 孢子。担孢子 9~14 μm × 6~13 μm，球状至亚球状，无色，薄壁，光滑，细尖且小。所有组织均无锁状联合。

分布于河北省兴隆县，林地上。食药用性未知。

70. 欧氏鹅膏

Amanita oberwinkleriana Zhu L. Yang & Yoshim. Doi, Bull. Natn. Sci. Mus., Tokyo, B 25 (3): 120 (1999)

菌盖直径 3~6 cm，白色，有时米黄色，光滑或有时有 1~3 大片白色膜质菌幕残余。菌肉白色，伤不变色。菌褶离生，稍密，白色。菌柄长 5~7 cm，直径 0.5~1 cm，圆柱状，基部近球状，直径 1~2 cm。菌环上位，膜质。菌托浅杯状至苞状或几乎无。担孢子 8~10.5 μm × 6~8 μm，椭圆状，光滑，无色，淀粉样。

分布于河北省兴隆县、北京市密云区，林地上。有毒。

71. 淡红鹅膏（淡玫瑰红鹅膏）

Amanita pallidorosea P. Zhang & Zhu L. Yang, Fungal Diversity 42: 125 (2010)

菌盖直径 4~9 cm，幼时呈斗笠形，成熟后渐平展，中央略凸起，初期边缘呈白色，中间呈淡玫瑰红色，成熟时呈白色略带粉红色，有辐射状细条纹。菌肉白色，伤不变色。菌褶弯生，密，不等长，白色。菌柄长 8~15 cm，直径 0.6~1.5 cm，近圆柱状，上部渐细，白色，有细小的纤维状鳞片，基部膨大。菌环上位，白色，膜质。菌托袋状，白色，不易脱落。担孢子 6~10 μm × 6~9 μm，球状或近球状，光滑，无色，淀粉样。

分布于河北省兴隆县，林地上。有毒，具药用性，可抗真菌。

72. 相似鹅膏

Amanita simulans Contu, Boll. Accad. Gioenia di Scienze Naturali 356: 11 (1999)

菌盖直径 7 cm，幼时半球形，然后钟状至膨大，边缘有明显条纹，长达 0.7 cm，表面光滑，潮湿时润滑，幼时为白色，后为浅灰色至银灰色，成熟后逐渐呈棕灰色。菌褶密集，离生，有时膨大，淡白色，只有在非常成熟的担子果中才有浅粉色色调，菌褶截形，不等长，分布不均。菌柄长 15 cm，直径 1.5 cm，圆柱状至棍棒状，干燥，幼时光滑，白色，成熟后具鳞屑，特别是在柄的基部。孢子通常球状，直径 8.5~12.5 μm，有明显的细尖，偶尔近球状，8~13 μm×7.5~11 μm，薄壁，无色，含大油滴。担子 40~55 μm×10~15 μm，薄壁，4 孢子，偶有 2 孢子或 1 孢子。

分布于北京市密云区，林地上。食药用性未知。

73. 角鳞灰鹅膏

Amanita spissacea S. Imai, Bot. Mag., Tokyo 47: 427 (1933)

子实体中型，菌盖直径 4~12 cm，幼时呈半球形，成熟后渐平展，湿时稍黏，呈灰色至灰褐色，边缘平滑或有不明显的条纹，有黑褐色角状或颗粒状鳞片，鳞片呈带状密集分布，易脱落。菌肉白色。菌褶离生，较密，不等长，白色。菌柄长 8~18 cm，直径 1.5~3 cm，圆柱状，菌环以上部位颜色深，菌环以下呈灰色，有灰色纤维状鳞片，基部膨大。菌环上位，膜质，上面白色，下面灰色，边缘黑灰色。担孢子 7.5~9 μm × 5.6~7.5 μm，宽椭圆状，平滑，无色，拟糊精样。

分布于河北省兴隆县，林地上。有毒。

74. 球基鹅膏（亚球基鹅膏）

Amanita subglobosa Zhu L. Yang, Biblthca Mycol. 170: 18 (1997)

菌盖直径 4~10 cm，浅褐色至琥珀褐色，菌幕残余白色至浅黄色，角锥状至疣状。菌柄长 5~12 cm，直径 0.5~2 cm，圆柱状，基部近球状，直径 1.5~3 cm，上部被有小颗粒状至粉状的菌托，呈领口状。菌环上位，膜质。担孢子 8.5~12 μm × 7~9.5 μm，宽椭圆状至椭圆状，光滑，无色，非淀粉样。

分布于北京市密云区，林地上。有毒。

75. 芥黄鹅膏

Amanita subjunquillea S. Imai, Bot. Mag., Tokyo 47: 424 (1933)

= *Amanitina subjunquillea* (S. Imai) E.-J. Gilbert, in Bresadola, Iconogr. Mycol., Suppl. I (Milan) 27: 78 (1940)

子实体小型。菌盖直径 3~6 cm，幼时近圆锥形、半球形至钟形，渐开伞后扁平至平展中部稍凸，污橙黄色至芥土黄色，边缘色较浅，表面平滑或有似放射状纤毛状条纹，边缘似有不明显条棱，湿时黏，有时附白色托残片。菌肉白色，近菌盖表皮附近黄色，较薄，受伤不变色。菌褶离生，不等长，白色。菌柄长 4~12 cm，直径 0.5~1.5 cm，圆柱状，白色至浅黄色，内部松软至空心，基部近球状，直径 1~2 cm。菌环近顶生至上位，白色。菌托浅杯状，白色至污白色。担孢子 6.5~95 μm × 6~8 μm，球状至近球状，光滑，无色，淀粉样。

分布于北京市延庆区，林地上。有毒。

76. 燕山鹅膏

Amanita yanshanensis H. Zhou & C. L. Hou, Front. Plant Sci. 14: 12267941 (2023)

担子果小至中型。菌盖直径 4~8 cm，幼时半球形，展开后平展，平凸至平，中心具脐，表面幼时灰白色，后灰白色至深灰红色，成熟后深灰红色至极深的红色，边缘稍有条纹，无附属物，髓部白色，受伤不变色。菌褶分离，有时密集，白色，截形，丰富的薄片。菌柄长 7~12 cm，顶部直径 0.5~1.5 cm，近圆筒状或向上渐细，表面白色至浅灰色，具丝绸光泽。担子 25~40 μm × 6~12 μm，细长棒状，4 孢子，具收缩，透明至浅黄色。担孢子 6~9 μm × 4~6 μm，椭圆状，偶有宽椭圆状，薄壁，透明，浅黄色，光滑。

分布于北京市昌平区，林地上。食药用性未知。

木耳科 Auriculariaceae

77. 黑木耳

Auricularia heimuer F. Wu, B. K. Cui & Y. C. Dai, Phytotaxa 186: 248 (2014)

子实体一年生，直径 5~10 cm，厚 0.5~1 mm。新鲜时杯形、盘形，通常群生，有时单生，棕褐色至黑褐色，胶质，有弹性，中部凹陷，边缘平缓且通常上卷。干后收缩，变硬，角质，浸水后可恢复成新鲜时形态及质地。不育面中部常收缩成短柄状，与基质相连，被茸毛，暗灰色，分布较密。子实层表面平滑，深褐色至黑色。担孢子 8~10 μm × 4~6 μm，棒状，无色，薄壁，平滑。

分布于北京市怀柔区，具食用性。

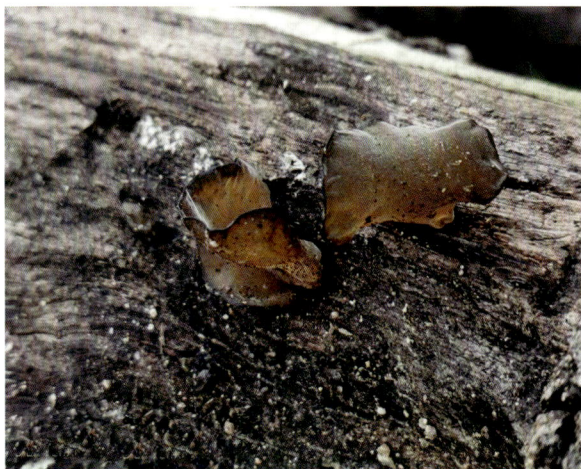

78. 毛木耳

Auricularia cornea Ehrenb., in Nees von Esenbeck (Ed.), Horae Phys. Berol.: 91 (1820)

= *Exidia cornea* (Ehrenb.) Fr., Syst. Mycol. (Lundae) 2 (1): 222 (1822)

Auricularia polytricha (Mont.) Sacc., in Saccardo & Berlese, Atti Inst. Veneto Sci. Lett., ed Arti, Sér. 6 3: 722 (1885)

子实体一年生，直径 8~13 cm，厚 0.5~1.5 mm。新鲜时杯形、盘形或贝壳形，较厚，通常群生，有时单生，棕褐色至黑褐色，胶质，有弹性，质地稍硬，中部凹陷，边缘锐且通常上卷。干后收缩，变硬，角质，浸水后可恢复成新鲜时形态及质地。不育面中部常收缩成短柄状，与基质相连，被茸毛，暗灰色，分布较密。子实层表面平滑，深褐色至黑色。担孢子 11.5~13.8 μm × 4.8~6 μm，棒状，无色，薄壁，平滑。

分布于北京市怀柔区，腐木上。具食用性。

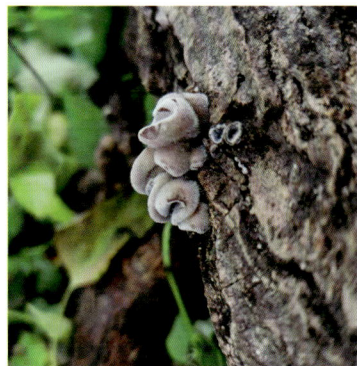

79. 黑耳（黑胶耳）

Exidia glandulosa (Bull.) Fr., Syst. mycol. (Lundae) 2 (1): 224 (1822)

= *Auricularia truncata* (Fr.) Fuckel, Jb. Nassau. Ver. Naturk. 23-24: 29 (1870)

Exidia plicata Klotzsch, in Dietrich, Fl. Regn. Boruss. (Berlin) 7: [171], Tab. 475 (1839)

Tremella atra O. F. Müll., Fl. Danic. 5: Tab. 884 (1782)

子实体小型，子实体直径 1.5~4 cm，高 1~4 cm，胶质，幼时为瘤状凸起，成熟后扩展贴生，彼此联合，表面具小疣突，新鲜时灰黑色至黑褐色，干燥后为膜状黑色薄层。菌丝锁状联合。原担子近球形，成熟后下担子卵形，十字纵分隔，上担子圆筒形。担孢子 12~14 μm × 4~5 μm，棒状或肾状，光滑，担子纵裂为 4 瓣，萌发产生再生担孢子或萌发管。

分布于北京市延庆区，腐木上。有毒。

牛肝菌科 Boletaceae

80. 白牛肝菌

Boletus bainiugan Dentinger, in Dentinger & Suz, Index Fungorum 29: 1 (2013)

子实体中至大型。菌盖直径 8~18 cm，半球形或扁半球形，成熟后渐呈扁平，暗灰褐色、浅咖啡褐色至浅土黄褐色，表面幼时有微细茸毛或中部有的粗糙鳞片，成熟后变光滑，湿时黏，边缘平滑或凸凹不平，有的色浅。菌肉白色，后呈乳白色，厚，表皮下稍有褐色，伤处稍变褐色。菌管白色或污白色带黄色，管孔细小，圆形。菌柄粗壮，长 9~18 cm，粗 3~5 cm，近梭状、棒状或圆柱状，浅褐色至浅灰褐色，基部白色且有白色细茸毛，网纹幼时白色后变褐色可达菌柄基部，内部实心。孢子浅黄色，光滑，梭状，5~6 μm × 4~5 μm。管侧囊体棒状、近圆柱状或近纺锤状。

分布于北京市门头沟区，林地上。具食用性。

81. 粉状粉蓝牛肝菌

Cyanoboletus pulverulentus (Opat.) Gelardi, Vizzini & Simonini, in Vizzini, Index Fungorum 176: 1 (2014)

≡ *Boletus pulverulentus* Opat., Arch. Naturgesch. 2 (1): 27 (1836)

= *Tubiporus pulverulentus* (Opat.) S. Imai, Trans. Mycol. Soc. Japan 8 (3): 113 (1968)

Xerocomus pulverulentus (Opat.) E.-J. Gilbert, Les Livres du Mycologue Tome I-IV, Tom. III: Les Bolets: 116 (1931)

菌盖直径 3~9 cm，扁半球形至近扁平，黄褐色至土褐色，表面干燥，边缘平整。菌肉黄色，伤变蓝色。菌管黄色，直生或在菌柄之间周围稍凹陷，近延生，管口同色，角形，1~2 mm。菌柄长 3~5 cm，直径 1~2 cm，黄褐色至土褐色，上下略等粗或趋向基部渐粗，无网纹。孢子印黄褐色。孢子带淡黄褐色，平滑，椭圆状或近纺锤状，10~15 μm × 4~5 μm。管缘囊体无色，纺锤状或棒状，30~62 μm × 10~15 μm。

分布于北京市昌平区，林地上。具食用性。

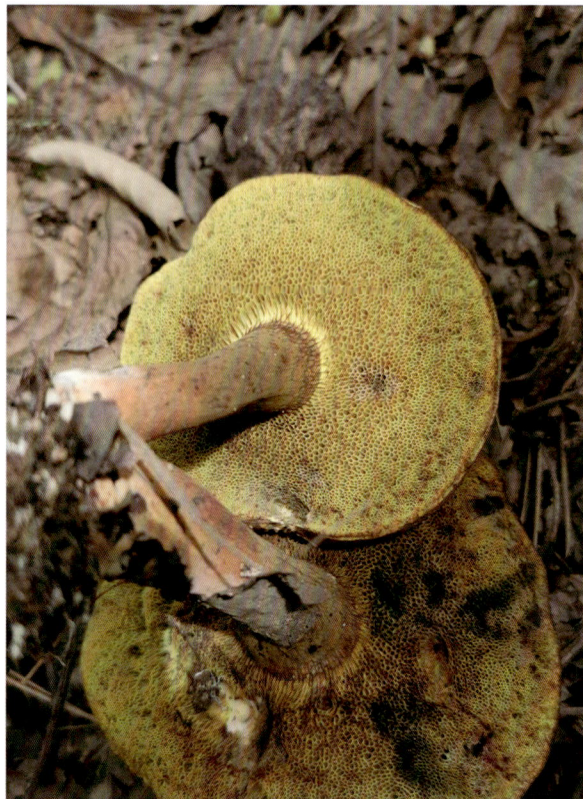

82. 红绒盖园圃牛肝菌

Hortiboletus arduinus N. K. Zeng, H. J. Xie & W. F. Lin, Mycol. Progr. 19 (11): 1381 (2020)

担子果小至中型。菌盖直径 3~8 cm，近半球形，然后凸至扁平，边缘下弯，表面干燥，被茸毛，红色、火红色至暗红色，菌盖菌肉在中心部厚度约 0.5 cm，浅黄色，受伤后变为浅蓝色。子实体多孔，几近贴生于柄先端周围至稍下凹，孔具角，直径 1~2 mm，黄色，受伤时变成浅蓝色，菌管长约 0.3 cm，浅黄色，受伤时变成浅蓝色。菌柄长 3~8 cm，直经 0.6~1.5 cm，中央，近圆柱状，实心，表面纵向纤维状，浅红色至火红色，内部浅黄色，受伤时呈浅蓝色。担子 28~39 μm×9~15 μm，棍棒状，薄壁，4 孢子，孢子梗长 4~5 μm。担孢子 8~11 μm×4~5 μm，近纺锤状至椭圆状，壁稍厚。

分布于北京市平谷区、密云区，林地上。食药用性未知。

83. 白柄疣柄牛肝菌

Leccinum albostipitatum den Bakker & Noordel., Persoonia 18 (4): 536 (2005)

菌盖直径 8~25 mm，幼时半球形，成熟时凸至平凸形，边缘在幼时内折，成熟担子果的边缘通常看似完整，边缘无瓣，表面微小茸毛至纤维状鳞片。菌管附着至贴生，膨大，长 9~30 mm，浅褐色或浅黄白色。菌柄长 5~27 cm，直径 1.5~5 cm，圆柱状至近棍棒状，淡白色，通常在柄基部受伤后呈现明显的蓝色，稀疏到密布细粒，幼时淡白色，成熟后红棕色的鳞片。菌肉白色，碰伤后通常先变色为淡紫色，然后变灰、变黑。孢子 9.5~17 μm×4~5.5 μm，梭状，顶端圆锥形，苍白，在水中变成紫褐色。担子 25~35 μm×7.5~11 μm，棍棒状，4 孢子。

分布于北京市门头沟区，林地上。食药用性未知。

84. 喜马拉雅粉孢牛肝菌

Tylopilus himalayanus D. Chakr., K. Das & Vizzini, MycoKeys 33: 109 (2018)

菌盖直径 7~13 cm，最初凸起然后平凸到扁平，表面干燥，无光泽，幼时灰褐色、暗红色、红灰色至紫灰色或灰红色，逐渐向边缘变为褐色至红褐色或淡灰黄色；边缘全缘，淡黄色。菌柄长 9.5~15.5 cm，直径 2~3 cm，多数近卵状，中空，先端浅黄色，基部浅褐色，表面通常没有网纹，但有时在先端有轻微的网状，其余纵向具条纹。担孢子 10.9~14.4 μm×3.9~4.9 μm，细长状至纺锤状，薄壁，光学显微镜下光滑。担子 30~40 μm×9~10 μm，4 孢子，棍棒状。

分布于河北省兴隆县，林地上。食药用性未知。

85. 紫柄粉孢牛肝菌

Tylopilus violaceobrunneus Yan C. Li & Zhu L. Yang, Fungal Diversity 81: 163 (2016)

菌盖直径 4~10 cm，近球形至扁平，表面细茸毛干燥，红褐色至浅褐色，略带洋红色，边缘颜色深，褐色至紫褐色，菌肉白色。菌柄长 7~16 cm，直径 1.5~3.5 cm，圆柱状或棒状，与菌盖同色，向下逐渐浅灰红色至紫褐色，上半部明显网状，内部实心，白色。味道苦涩，气味温和。担子 26~39 μm×8~11 μm，棍棒状至拉长的棍棒状，4 孢子，偶 2 孢子。担孢子 10~12 μm×3~3.5 μm，长球状至椭球状，黄褐色，光滑。

分布于北京市昌平区，林地上。食药用性未知。

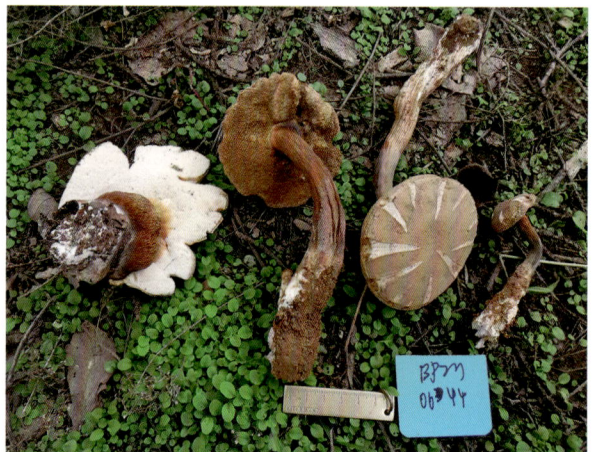

86. 桃色绒柄牛肝菌

Villoboletus persicinus L. Fan & N. Mao, Mycologia: 1-8 (2023)

菌盖直径2~9 cm，幼嫩时凸起，有时具波状边缘，边缘下弯，表面干燥，淡粉红色至粉红色，菌肉厚1.1 mm，实心，白色、乳白色至黄白色，暴露后缓慢呈浅蓝色至蓝色。菌柄长 3~7 cm，直径 0.8~2 cm，中心，圆柱状至近圆柱状，实心，坚硬，先端底色黄白色，下部浅粉红色至粉红色，从顶端到基部上方表面覆盖着大量的茸毛。担孢子 10~16 μm × 4.8~6.5 μm，纺锤状、椭球纺锤状至近纺锤状，浅黄色至蜜黄色，光滑，薄壁。担子 27~40 μm × 10.5~13 μm，狭棒状或棒状，很少宽棒状，薄壁，4 孢子，偶 2 或 3 孢子。

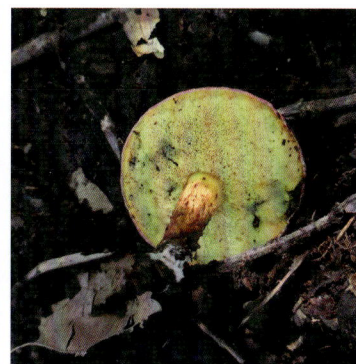

分布于北京市延庆区，林地上。食药用性未知。

87. 绒盖牛肝菌

Xerocomus subtomentosus (L.) Quél., Fl. Vosges, Champ.: 478 [110 repr.] (1887)

菌盖直径 4~9 cm，扁半球形至近扁平，黄褐色、土黄色或深土褐色，成熟后呈猪肝色，干燥，被茸毛，有时龟裂。菌肉淡白色至带黄色，伤部变蓝色。菌管黄绿色或淡色，直生或在菌柄之间周围稍凹陷，有时近延生，管口同色，角形，1~3 mm。菌柄长 5~7 cm，直径 1~1.5 cm，淡黄色或淡黄褐色，上下略等粗或趋向基部渐粗，无网纹，但顶部有时有不显著的网纹或由菌管下延的棱纹，内实。孢子印黄褐色。孢子带淡黄褐色，平滑，椭圆状或近纺锤状，11~14 μm × 4.5~5.2 μm。管缘囊体无色，纺锤状、棒状，35~67 μm × 10~18 μm。

分布于河北省兴隆县，林地上。具食药用性，可抗氧化。

下皮黑孔菌科 Cerrenaceae

88. 单色下皮黑孔菌（色齿毛菌、单色云芝）

Cerrena unicolor (Bull.) Murrill, J. Mycol. 9 (2): 91 (1903)

= *Agaricus cinereus* (Pers.) E. H. L. Krause, Basidiomycetum Rostochiensium, Suppl. 5: 164
  (1933)

Boletus unicolor Bull., Herb. Fr. (Paris) 9: Pl. 408 (1789)

Daedalea unicolor (Bull.) Fr., Syst. Mycol. (Lundae) 1: 336 (1821)

Striglia cinerea (Pers.) Kuntze, Revis. Gen. Pl. (Leipzig) 2: 871 (1891)

Striglia unicolor (Bull.) Kuntze, Revis. Gen. Pl. (Leipzig) 2: 871 (1891)

Trametes unicolor (Bull.) Pilát, in Kavina & Pilát, Atlas Champ. l'Europe, Ⅲ, Polyporaceae
(Praha) 1: 279 (1939)

子实体一年生，覆瓦状叠生，新鲜时软革质，无臭无味，干后硬革质。菌盖半圆形，外伸
2~8 cm，直径 4~15 cm，中部厚可达 5 mm，表面幼时乳白色，成熟时浅黄色至灰褐色，被粗毛或
茸毛，具不同颜色的同心环带和浅的环沟，边缘锐，黄褐色，干后波状。孔口表面乳白色至污褐
色，幼时近圆形，快速变为迷宫状或齿裂状，每毫米 3~4 个，边缘厚，撕裂状。不育边缘窄，宽可
达 1 mm。菌肉异质，上层菌肉褐色、柔软，下层菌肉浅黄褐色、木栓质，层间具一黑色细线。菌
管与孔口表面同色，软木栓质，长可达 2 mm。担孢子 4.2~5.8 μm×2.6~3.5 μm，椭圆状，无色，薄
壁，光滑，非淀粉样，不嗜蓝。

分布于北京市延庆区，林地上。具药用性，可治疗慢性支气管炎、抗肿瘤、抗癌、抗菌、抗病
毒、抗氧化、调节免疫。

珊瑚菌科 Clavariaceae

89. 延生珊瑚菌南方变种

Clavaria decurrens var. *australis* Coker, The Clavarias of the United States and Canada: 177 (1923)

子实体小至中型，纤细，群生、单生或簇生，经常部分交融，高 4~9 cm，直径 2~8 cm，柄部明显，长 1~2 cm，直径 0.3~1.2 cm，光滑，不生根，具有膜质和纤维状的菌丝体，主枝展开，分枝以拥挤的方式向上，最终分枝非常多，细长而简单或有齿，顶端尖，所有部分光滑，圆柱状，幼时亮黄油色，尖端颜色成熟后不变，下部颜色成熟后变为深蜂蜜色或黄褐色，被叶片覆盖的位置为白色，受伤后先呈肉色后褐色。孢子呈点状，分层，具明显的刺状疣，深黄褐色，5~6.5 μm × 2.5~3 μm。担子 4.8 μm × 22 μm，4 孢子。

分布于北京市延庆区，林地上。食药用性未知。

90. 拟锁瑚菌

Clavulinopsis gracillima (Peck) R. H. Petersen, Mycol. Mem. 2: 30 (1968)

子实体 10~80 mm × 1~3 mm，单生，有时群生，颜色为杏黄色至浅粉橙色，柄部的颜色更清晰，先端锐尖至球状，成熟后和受伤后都不变色。担子 35~60 μm × 5.5~7.5 μm，长棍棒状至棍棒状，基部收缩，轻微着色，具 1~4 个小梗，小梗长 5~8 μm，粗壮，稍弯曲。孢子 6~9.2 μm × 2.5~4.5 μm，卵状至椭圆状，平滑，薄壁至稍厚壁，单卵球状、数个卵球状至粒状，白色或稍微黄色，具小的侧尖。

分布于北京市延庆区、门头沟区，林地上。食药用性未知。

91. 微黄拟锁瑚菌

Clavulinopsis helvola (Pers.) Corner, Monograph of Clavaria and Allied Genera, (Annals of Botany Memoirs No. 1): 372 (1950)

= *Clavaria helvola* Pers., Comm. Fung. Clav. (Lipsiae): 72 (1797)

Donkella helvola (Pers.) Malysheva & Zmitr., Nov. Sist. Niz. Rast. 40: 150 (2006)

Ramariopsis helvola (Pers.) R. H. Petersen, Mycologia 70 (3): 668 (1978)

子实体细长棒状，不分枝，高可达 6 cm，直径 0.2 cm 左右，黄色，顶端非尖锐，基部具白色茸毛，菌肉带黄色，干后脆，近中空且顶端和基部色泽变深。孢子无色至浅黄色，近球状，不规则的角状凸起，5~7.5 μm × 4~6 μm。担子 50~65 μm × 5.0~10 μm，具 2 或 4 个小梗，担子梗较长，5~10 μm。菌丝具锁状联合。未见囊状体。

分布于河北省赤城县，林地上。具食用性。

92. 拟锁瑚菌属拟似新种

Clavulinopsis sp.

子实体细长棒状，分枝，高可达 5 cm，直径 0.2 cm 左右，奶白色至灰白色，顶端尖，基部具白色茸毛，菌肉带白色，干后脆。孢子无色至浅黄色，近球状，不规则的角状凸起，3~6.5 μm × 2~5 μm。担子 40~55 μm × 5~10 μm，具 4 个小梗，担子梗较长，5~10 μm。菌丝具锁状联合。未见囊状体。

分布于北京市密云区，林地上。食药用性未知。

93. 拟枝瑚菌属拟似新种 1

Ramariopsis sp. 1

子实体细长棒状，分枝，高可达 6 cm，直径 0.2~0.6 cm，淡黄色至橘黄色，顶端尖，柄部明显，基部具白色茸毛，菌肉带白色，干后脆。孢子无色至浅黄色，近球状，3~5 μm × 2~3 μm。担子 40~50 μm × 5~10 μm，具 4 个小梗，担子梗较长。菌丝具锁状联合。

分布于北京市密云区，林地上。食药用性未知。

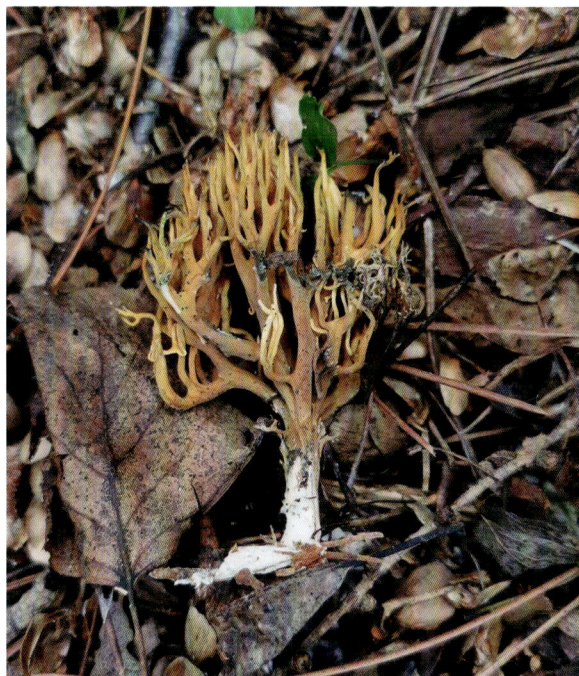

94. 拟枝瑚菌属拟似新种 2

Ramariopsis sp. 2

子实体细长棒状，分枝，高 2~4 cm，直径 0.2~0.4 cm，奶白色至淡黄色，顶端尖，柄部明显，基部具白色茸毛，菌肉带白色，干后脆。孢子无色，近球状，2~5 μm × 2~4 μm。担子 30~50 μm × 5~8 μm，具 4 个小梗，担子梗较长。菌丝具锁状联合。

分布于北京市怀柔区，林地上。食药用性未知。

锁瑚菌科 Clavulinaceae

95. 珊瑚状锁瑚菌（冠锁瑚菌）

Clavulina coralloides (L.) J. Schröt., in Cohn, Krypt.-Fl. Schlesien (Breslau) 3.1 (25–32): 443 (1888)

= *Clavaria coralloides* L., Sp. Pl. 2: 1182 (1753)

Ramaria coralloides (L.) Bourdot, Rev. Sci. Bourb. Centr. Fr. 7: 119-126 (1894)

子实体高 3~4 cm，直径 2~4 cm，珊瑚状，多分枝，白色、灰白色或淡粉红色，枝顶端有丛状密集细尖的小枝。菌肉白色，伤不变色，内实。担子 40~60 μm×6~8 μm，双孢，棒状，稀有横隔，具 2 个小梗。担孢子 7~9.5 μm×6~7.5 μm，近球状，光滑，内含 1 个油滴。

分布于北京市昌平区，林地上。具食用性。

96. 锁瑚菌属拟似新种

Clavulina sp.

子实体高 3~4 cm，直径 0.5~1 cm，珊瑚状，无分枝，白色或奶油白色，枝顶端光滑。柄明显，菌肉白色，伤不变色，内实。担子 30~50 μm×6~10 μm，棒状，有横隔，具小梗。担孢子 6~9 μm×3~5.5 μm，近球状，光滑，内含油滴。

分布于北京市延庆区，林地上。食药用性未知。

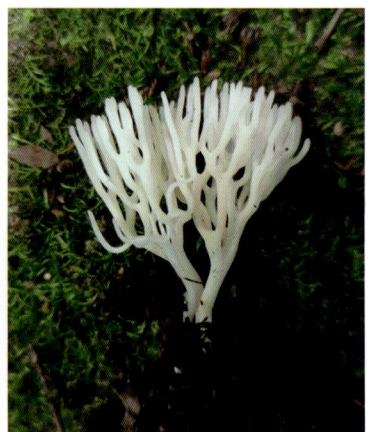

丝膜菌科 Cortinariaceae

97. 银紫丝膜菌（白紫丝膜菌）

Cortinarius alboviolaceus (Pers.) Zawadzki, Enum. plant. Galic. Bucow. (Breslau): 162 (1835)

= *Agaricus alboviolaceus* Pers., Syn. Meth. Fung. (Göttingen) 2: 286 (1801)

Gomphos alboviolaceus (Pers.) Kuntze, Revis. Gen. Pl. (Leipzig) 2: 853 (1891)

Inoloma alboviolaceum (Pers.) Wünsche, Die Pilze: 127 (1877)

Sphaerotrachys alboviolaceum (Pers.) Fayod, Annls Sci. Nat., Bot., Sér. 79: 374 (1889)

子实体中至大型。菌盖直径3~10 cm，幼嫩时半球形至钟形，中部稍凸起，边缘内卷，后平展，表面干，光滑，盖缘部位白色至浅紫色至褐色，中间部位为浅黄褐色，稍带紫色。菌肉浅紫色，较厚，受伤后颜色变深。菌褶较密，幼时浅紫色，成熟后变褐色至锈褐色，不等长，弯生，边缘平整至波浪状。菌柄长4~10 cm，直径1~2 cm，近圆柱状，向下渐粗，基部稍膨大，上部紫色，下部淡紫色至白紫色，受伤后变灰紫色，实心。菌环上位，丝膜状，近白色、带灰紫色至淡黄褐色或带孢子的颜色，易消失。担孢子8~11 μm×5~6.5 μm，椭圆状至长椭圆状，粗糙有疣突，锈褐色。

分布于北京市怀柔区，林地上。具食用性，也有记载有毒。

98. 犬丝膜菌近似种

Cortinarius aff. *caninus*

菌盖直径 1.5~5.5 cm，平展至凸起，边缘弯曲到下弯，边缘狭窄内卷，表面潮湿，边缘具条纹，有时具有微小的纤维，幼嫩和新鲜时边缘有白色、浅灰色、灰褐色、醋灰色或褐色。菌柄长3~6.3 cm，上部直径 0.5~0.9 mm，基部直径 0.5~3 cm，棍棒状，有时基底向下逐渐变细，表面呈丝滑纤维状，上部紫罗兰色，下部白色至褐色到肉桂色的变色。担孢子 8~9 μm × 6.7~7 μm，近球状至宽椭球状，非糊精样。担子具 4 孢子，极少 2 孢子，32~39 μm × 8~10.5 μm，棒状，无色或浅黄色，具颗粒，成熟后厚壁，浅灰色。

分布于北京市怀柔区，林地上。食药用性未知。

花耳科 Dacrymycetaceae

99. 橙黄假花耳

Dacryopinax aurantiaca (Fr.) McNabb, N. Z. Jl Bot. 3: 66 (1965)

≡ *Guepinia aurantiaca* Fr., Summa Veg. Scand., Sectio Post. (Stockholm): 331 (1849)

子实体高 0.5~2 cm，柄下部直径 2~6 mm，橙红色至橙黄色，基部橙黄色至黑褐色，延伸入腐木裂缝中。担子二分叉，2 孢子。担孢子 3~8 μm×2~5 μm，椭圆状至肾状，无色，光滑，幼时无横隔，成熟后形成 1~2 横隔。

分布于北京市怀柔区，腐木上。食药用性未知。

100. 匙盖假花耳（桂花耳）

Dacryopinax spathularia (Schwein.) G. W. Martin, Lloydia 11: 116 (1948)

= *Cantharellus spathularia* (Schwein.) Schwein., Trans. Am. Phil. Soc., New Séries 4 (2): 153 (1832)

Guepinia spathularia (Schwein.) Fr., Elench. Fung. (Greifswald) 2: 32 (1828)

Merulius spathularia Schwein., Schr. naturf. Ges. Leipzig 1: 92 [66 of repr.] (1822)

子实体高 0.5~2.5 cm，柄下部直径 4~6 mm，具细茸毛，橙红色至橙黄色，基部栗褐色至黑褐色，延伸入腐木裂缝中。担子二分叉，2 孢子。担孢子 8~15 μm×3.5~5 μm，椭圆状至肾状，无色，光滑，幼时无横隔，成熟后形成 1~2 横隔。

分布于北京市密云区，腐木上。具食用性。

粉褶蕈科 Entolomataceae

101. 斜盖伞

Clitopilus prunulus (Scop.) P. Kumm., Führ. Pilzk. (Zerbst): 96 (1871)

= *Agaricus prunulus* Scop., Fl. Carniol., Edn 2 (Wien) 2: 437 (1772)

Hexajuga prunula (Scop.) Fayod, Annls Sci. Nat., Bot., Sér. 7 9: 389 (1889)

Paxillus prunulus (Scop.) Quél., Enchir. Fung. (Paris): 92 (1886)

Rhodosporus prunulus (Scop.) J. Schröt., in Cohn, Krypt.-Fl. Schlesien (Breslau) 3.1 (33–40): 618 (1889)

子实体小至中型。菌盖直径 3~10 cm，幼时扁半球形，成熟后渐平展至稍下凹近浅盘状，边缘呈波状并内卷，干燥，白色、污白色或浅灰色。菌肉厚，白色，有浓烈气味，中部稍厚而边缘薄。菌褶延生，稍密，较窄，不等长，白色至粉红色。菌柄长 3~7 cm，直径 1~1.5 cm，近圆柱状，常偏生，光滑，白色或淡灰色，内部实心至松软。孢子印粉肉色。担孢子 9~12 μm × 4~6 μm，宽椭圆状或近纺锤状，具 6 条纵向的脊棱，无色。

分布于北京市延庆区，林地上。具食用性。

102. 突囊粉褶蕈

Entoloma eminens Kokkonen, Mycol. Progr. 14: 22 (2015)

菌盖直径 4.5~8 cm，幼时呈圆锥形，然后扁平，通常有脐或轻微凹陷，很少形状不规则，边缘通常波状，成熟后有时反折，幼时深褐色，后深褐色或浅灰色，有时中心颜色更深，光滑，有时中心或边缘具皱纹，稍黏或干燥，边缘短半透明具条纹。菌褶宽，可达 12 mm，微缺或附生，稍密集拥挤，幼时浅褐色，后略带粉红色，边缘不等长，同色。菌柄长 7~12 cm，直径 1.2~3 cm，等宽或向基部逐渐变宽，有时变平，基部均匀圆形，棒状或渐细，浅灰色、白色或浅灰褐色，具灰色的先端，有时基部淡黄，干燥。孢子 7.9~8.5 μm × 6.8~7.5 μm。担子 26~47 μm × 8.5~13.5 μm，4 孢子。

分布于河北省兴隆县，林地上。食药用性未知。

103. 极细粉褶蕈

Entoloma praegracile Xiao L. He & T. H. Li, Mycotaxon 116: 416 (2011)

菌盖直径 1~2 cm，幼时凸镜形，成熟后平展，中部略凹陷或平整，淡黄色、淡黄色带粉色或橙黄色，干后具较明显的橙红色，水浸状，透明条纹直达菌盖中部，光滑。菌肉薄，与菌盖同色。菌褶达 1 mm，直生，带小齿，较稀，幼时白色，成熟后变为粉红色，具 1~2 行小菌褶。菌柄长 4~5 cm，直径 1~1.5 mm，圆柱状，与菌盖同色或较深，橙黄色，光滑，空心，较脆，基部具白色菌丝体。担孢子 9~10.5 μm × 6.5~8 μm，壁较薄，淡粉红色。

分布于天津市蓟州区，林地上。食药用性未知。

拟层孔菌科 Fomitopsidaceae

104. 长缘褐孢孔菌

Brunneoporus malicola (Berk. & M. A. Curtis) Audet, Mushrooms nomenclatural novelties 2: (1) (2017)

= *Antrodia malicola* (Berk. & M. A. Curtis) Donk, Persoonia 4 (3): 339 (1966)

  Coriolellus malicola (Berk. & M. A. Curtis) Murrill, Mycologia 12 (1): 20 (1920)

  Daedalea malicola (Berk. & M. A. Curtis) Aoshima, Trans. Mycol. Soc. Japan 8 (1): 2 (1967)

子实体一年生到两年生，无柄。单个菌盖从基质外伸 1.5 cm，直径可达 3 cm，厚可达 6 mm，单生或覆瓦状叠生，坚韧到木栓质，干燥时坚硬，可分离，菌盖的上表面浅木棕色，随着年龄的增长变成灰色至黑色，幼时被细茸毛，很快无毛，边缘锐尖到圆形，孔隙表面均匀浅肉桂色至木褐色，孔隙圆形而规则，每毫米 3~4 个，通常更不规则，背面浅木褐色，坚韧纤维状，厚 1~2 mm，同色或浅色的管层，厚达 5 mm，味道温和。担子 25~40 μm×7~10 μm，棍棒状，4 孢子，基部收缩。担孢子 7~10 μm×2.5~4 μm，圆柱状至椭圆状，无色，薄壁，光滑，非淀粉样，不嗜蓝。

分布于河北省兴隆县，腐木上。食药用性未知。

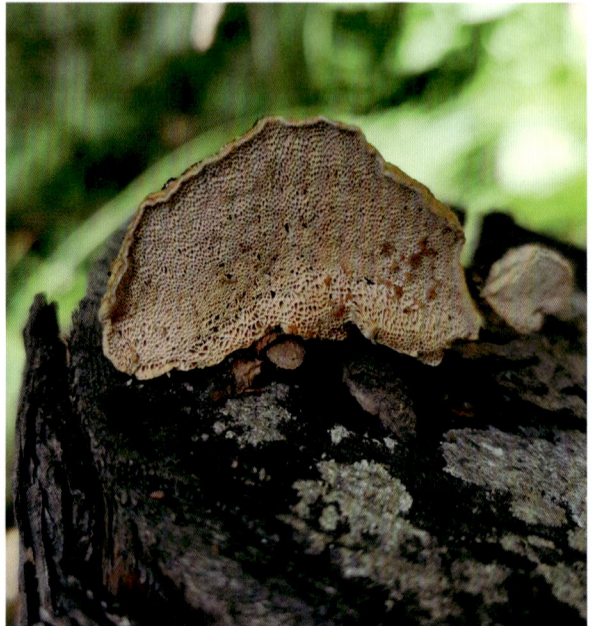

灵芝科 Ganodermataceae

105. 树舌灵芝

Ganoderma applanatum (Pers.) Pat., Hyménomyc. Eur. (Paris): 143 (1887)

= *Boletus applanatus* Pers., Observ. Mycol. (Lipsiae) 2: 2 (1800)

 Fomes applanatus (Pers.) Fr., Summa Veg. Scand., Sectio Post. (Stockholm): 321 (1849)

 Ganoderma flabelliforme (Scop.) Murrill, J. Mycol. 9 (2): 94 (1903)

子实体大型，无柄或几乎无柄。菌盖直径 5~50 cm，厚 1~12 cm，半圆形、扁半球形或扁平，基部常下延，表面灰色，渐变褐色，有同心环纹棱，有时有瘤，皮壳胶角质，边缘较薄。菌肉浅栗色，有时近皮壳处白色后变暗褐色，孔圆形，每毫米 4~5 个。孢子褐色或黄褐色，卵状，7.5~10 μm × 4.5~6.5 μm。

分布于北京市怀柔区、昌平区、密云区、平谷区、延庆区及河北省赤城县、兴隆县，腐木或树干上。具药用性。

106. 灵芝

Ganoderma lingzhi Sheng H. Wu, Y. Cao & Y. C. Dai, Fungal Diversity 56 (1): 54 (2012)

子实体中至大型。菌盖直径 5~15 cm，厚 0.8~1 cm，半圆形、肾形或近圆形，木栓质，红褐色并有油漆光泽，具有环状棱纹和辐射状皱纹，边缘薄，往往内卷。菌肉白色至淡褐色，管孔面幼时白色，成熟后变浅褐色、褐色，平均每毫米 3~5 个。菌柄长 3~15 cm，直径 1~3 cm，侧生或偶偏生，紫褐色，有光泽。孢子褐色，卵状，9~12 μm × 4.5~7.5 μm。

分布于北京市怀柔区，腐木上。具药用性。

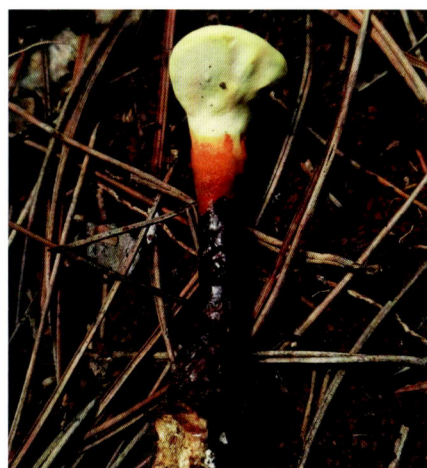

地星科 Geastraceae

107. 北京地星

Geastrum beijingense C. L. Hou, Hao Zhou & Ji Qi Li, Mycosystema 41 (1): 11 (2022)

子实体直径 1.5~2 mm，椭圆形，粗糙，具碎片。展开后担子体 3~4.5 mm，浅囊状。外包被分裂成 4~9 个，不潮湿。外包被具碎片，浅褐色。菌丝层 2.5~3 μm，白色，透明，弯曲，厚壁，具明显的空腔。纤维层 3~5 μm，透明，弯曲，厚壁。内包被 12~17 mm，浅棕色至浅灰色，近球形，无柄，平滑。口缘纤毛状，扁平的圆锥形，无褶，无明显口缘环。成熟的产孢组织呈深灰褐色。生殖菌丝，厚壁，直径 3~4 μm，有明显的腔，表面光滑或有附着物。担孢子深褐色，球状到椭圆状，3.7~4.2 μm × 3.8~4.5 μm。

分布于北京市昌平区、怀柔区，林地上。食药用性未知。

108. 毛嘴地星

Geastrum fimbriatum Fr., Syst. mycol. (Lundae) 3 (1): 16 (1829)

子实体幼时生长在地面上，球状至凹陷球状，直径 1.7 cm，高 2 cm，成熟后直径 2~2.5 cm，高 0.7~1 cm。外包被不吸湿，囊状，分裂成 4~6 个裂片，菌丝体层深金色，纤维层黏附，灰黄色，假实质层褐色。内包被无柄，球状至近球状，直径 0.8~2 cm，褐色。产孢组织深褐色，小柱存在。担孢子直径 3~3.5 μm，球状。菌索厚壁，表面有碎屑和疣凸，直径 3.5~5 μm。

分布于北京市怀柔区，林地上。具药用性，可抗炎、止血、解毒、抗菌、抗氧化、抗肿瘤。

109. 葫芦形地星

Geastrum lageniforme Vittad., Monogr. Lycoperd. (Torino): 160 (16) (1842)

子实体埋生，圆球形，顶部圆锥状凸起。成熟的担子体直径 1~2.4 cm，高 0.8~1.4 cm。成熟后 6~7 片裂开，外皮两层，外层膜质，里层厚 1 mm，稍带粉红色至橘黄色，稍硬，菌丝层金黄色，具纵裂，纤维层浅橙色。内包被暗金色，无柄，球状到近球形。子实体幼时为白色，中央有一白色中柱，老时黑褐色，黏液状，无不育基部。孢子长椭圆状至卵圆状，7.8~17.8 μm × 5.8~8.3 μm，两端有小乳状凸起，且对称，光滑，无色。菌索厚壁，直径 2~2.8 μm。

分布于北京市延庆区及河北省赤城县，林地上。食药用性未知。

110. 粉红地星（粉背地星）

Geastrum rufescens Pers., Neues Mag. Bot. 1: 86 (1794)

子实体开裂前近球形，直径 2.5~4.5 cm，顶端嘴部不明显，埋于土或基物下。成熟后外包被开裂成 6~9 瓣，反卷，张开时总宽可达 5~8 cm，外层松软，易成片剥离，中层纤维质，外表呈蛋壳色，内侧淡黄色，内层肉质，新鲜时厚，常裂成块状脱落，干燥后变灰褐色膜状。内包被宽 1.5~3 cm，无柄，膜质，粉灰色，顶部不定形或呈撕裂开口状。担孢子直径 3.5~5.5 μm，球状，褐色，具小疣。孢丝厚壁，褐色，不分枝，直径 3~6 μm 或更粗。

分布于北京市平谷区，林地上。具药用性，可止血。

111. 袋形地星

Geastrum saccatum Fr., Syst. mycol. (Lundae) 3 (1): 16 (1829)

子实体高 1~3 cm，直径 1~3 cm，扁球形、近球形或梨形。顶部呈喙状，基部具根状菌索。外包被污白色至深褐色，具不规则皱纹、纵裂纹，并生有茸毛，成熟后开裂成 5~8 片瓣裂，张开时直径 5~7 cm，肉质，较厚，基部袋状。外包被蛋壳色，外表面光滑，内侧肉质，干后变薄，浅肉桂色。内包被浅棕灰色，无柄，近球形，直径 1 cm，顶部开口明显，色浅，圆锥形，周围凹陷，有光泽。产孢组织中有囊轴。担孢子直径 3~5 μm，球状至近球状，褐色，有疣凸，稍粗糙。孢丝浅褐色，壁厚，直径 4~6 μm。

分布于北京市密云区、怀柔区，林地上。具药用性，可止血。

112. 尖顶地星

Geastrum triplex Jungh., Tijdschr. Nat. Gesch. Physiol. 7: 287 (1840)

子实体直径 1~4 cm，近球形。成熟时外包被开裂成 5~7 瓣，裂片向外反卷，外表光滑，蛋壳色，内层肉质，干后变薄，栗褐色，中部易分离并脱落。内包被高 1.2~3.8 cm，直径 1.5~3.5 cm，近球形、卵形或扁球形，顶部常有长或短的喙，或呈脐凸状，淡褐色、暗栗色至污褐色。无柄。担孢子直径 3~4.5 μm，褐色，近球状，具小疣。孢丝浅褐色，不分枝，直径 6 μm。

分布于北京市延庆区，林地上。具药用性，可止血、消毒、清肺、缓解喉咙痛、解毒、抗菌。

113. 绒皮地星

Geastrum velutinum Morgan, J. Cincinnati Soc. Nat. Hist. 18: 38 (1895)

子实体幼时扁球形，直径 1.5~2 cm。外包被草黄色、肉色或土黄色，成熟时开裂成 5~7 瓣裂片，裂片两层纤维质，外层浅土黄色且密生短茸毛，直径 1.9~5 cm。内包被直径 1~2 cm，近球形，顶部呈圆锥形凸起，沙土色、浅褐色至污褐色，长有褐色茸毛。担孢子直径 2.5~4.5 μm，近球状，暗棕色至黑褐色，具微细疣突或微刺突。孢丝浅褐色，厚壁无横隔，直径 5~5.5 μm。

分布于北京市密云区，林地上。具药用性，可止血、排毒。

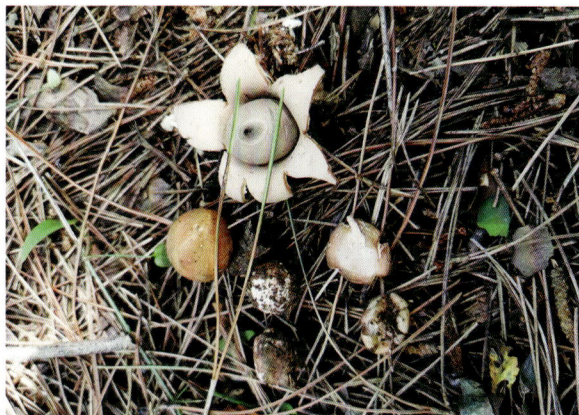

114. 燕山地星

Geastrum yanshanense C. L. Hou, Hao Zhou & Ji Qi Li, Mycosystema 41 (1): 9 (2022)

子实体呈球形至椭球形，浅粉红色至浅橙红色，在开口处有少许凸起，直径 9~15 mm，表面粗糙，部分菌蕾表面有白色至粉红色茸毛。成熟的子实体呈深囊状，高 7~9 mm，直径 15~25 mm。裂片 5~7 片，无吸湿性。外包被基部常附着根状菌索，根状菌索呈白色，根状菌索由联络菌丝构成，菌丝纤维状且透明，拟糊精样，直径 0.9~1.2 μm，在根状菌索上附着有大量窄斜棱镜状晶体。内包被表面呈暗灰色至灰色，近球形，高 6~11 mm，直径 8~13 mm，无柄，表面光滑。纤毛状口缘，无褶，宽圆锥状，有明显的口缘环。囊轴明显，呈白色。成熟的产孢组织呈深灰褐色。生殖菌丝，厚壁 0.6~1 μm，直径 2.5~5.1 μm，有明显的腔，表面光滑。担子泡状至烧瓶状，担子顶端有不明显的担子梗，担子大小 8.1~9 μm×12.6~13.5 μm，担子梗 3~4 μm。担孢子深褐色，球状至椭球状，直径 2.7~3.2 μm×2.8~3.3 μm，电子显微镜下柱状疣突明显，疣突较短，高 0.1~0.4 μm，部分疣突的顶端有连接。

分布于北京市延庆区、怀柔区，林地上。食药用性未知。

粘褶菌科 Gloeophyllaceae

115. 密粘褶菌（密褐褶菌）

Gloeophyllum trabeum (Pers.) Murrill, N. Amer. Fl. (New York) 9 (2): 129 (1908)

= *Agaricus trabeus* Pers., Syn. Meth. Fung. (Göttingen) 1: (1801)

Cellularia trabea (Pers.) Kuntze, Revis. Gen. Pl. (Leipzig) 3 (3): 452 (1898)

Daedalea trabea (Pers.) Fr., Syst. Mycol. (Lundae) 1: 335 (1821)

Lenzites trabeus (Pers.) Fr., Epicr. Syst. Mycol. (Upsaliae): 406 (1838)

Trametes trabea (Pers.) Bres., Atti Acad. Agiato Rovereto 3 (1): 91 (1897)

子实体一年生至多年生，无柄，覆瓦状叠生，软木栓质。菌盖扇形，外伸可达 4 cm，直径可达 9 cm，基部厚可达 6 mm，有时侧面相连或平伏又反卷，至全部平伏，表面灰褐色、棕褐色至烟灰色，被细密茸毛或硬刚毛，粗糙，略具辐射状纹，具不明显的同心环纹或环沟，边缘锐，浅黄色，干后内卷。子实层体赭色至灰褐色，迷宫状至部分孔状，无折光反应。不育边缘明显，浅黄色，直径可达 1 mm。菌肉棕褐色，厚可达 0.3 mm。菌褶灰褐色，革质，直径可达 5 mm。菌褶或菌孔每毫米 2~4 个。担子棒状，具 4 小梗。担孢子 7.6~9.1 μm × 2.8~4 μm，圆柱状，无色，薄壁，光滑，非淀粉样，不嗜蓝。

分布于北京市怀柔区，腐木上。具药用性，可抗肿瘤。

钉菇科 Gomphaceae

116. 冷杉暗锁瑚菌

Phaeoclavulina abietina (Pers.) Giachini, Mycotaxon 115: 189 (2011)

= *Clavaria abietina* Pers., Neues Mag. Bot. 1: 117 (1794)

Clavaria virescens Gramberg, Pilz-u. Kräuterfreund 5: 57 (1921)

Merisma abietinum (Pers.) Spreng., Syst. Veg., Edn 164 (1): 495 (1827)

Ramaria virescens (Gramberg) Henning, Führ. Pilzk. (Zerbst) 3: Fig. 320 (1927)

子实体可达 7.5 cm × 3.5 cm。菌柄非常多样，有时纤细而明显，在基部水平面以下通常没有分枝，向上橄榄赭色至暗赭色或橄榄色，受伤后迅速变成深蓝绿色，通常从底部逐渐向顶部变色。具有丰富的分枝，分枝不规则，通常扁平，二至多叉分枝，新鲜时黄赭色至暗赭色或有点绿的赭色，受伤后迅速变成菌柄的颜色，新鲜时有些小分枝蓝绿色，顶端微小圆形，不呈阶梯状，新鲜时颜色更黄，受伤后颜色变化很小。孢子 6~10 μm × 3.5~4.5 μm，孢子印赭色。

分布于北京市延庆区，林地上。食药用性未知。

117. 巴伦塔尔枝瑚菌

Ramaria barenthalensis Franchi & M. Marchetti, Mycotaxon 115: 189 (2011)

子实体高度 5~12 cm，直径 4~9 cm，菌丝体分枝发达。分枝垂直定向，分叉，拉长至扁平，光滑，幼时浅褐色，成熟后深褐色。基部多变，有时退化，有时发育良好，白色到褐色。菌肉白色至浅褐色，柔软。气味并不独特。担孢子 6.5~9 μm×3~4.6 μm，椭圆状至卵球状，粗糙。担子 45~59 μm×7.5~9 μm，具担子梗。褶缘囊状体 46~62 μm×7~8.5 μm，细长。具锁状联合。菌丝菌髓壁厚，具收缩。

分布于河北省兴隆县，林地上。食药用性未知。

铆钉菇科 Gomphidiaceae

118. 血红色钉菇（色钉菇）

Chroogomphus rutilus (Schaeff.) O.K. Mill., Mycologia 56 (4): 543 (1964)

= *Agaricus rutilus* Schaeff., Fung. Bavar. Palat. Nasc. (Ratisbonae) 4: 24 (1774)

Agaricus viscidus L., Sp. Pl. 2: 1173 (1753)

Chroogomphus testaceus (Fr.) Příhoda, in Přáhoda, Urban, Ničová-Urbanová & Urban, Kapesni' Atlas Hub (Praha): 237 (1987)

Cortinarius viscidus (L.) Gray [as 'Cortinaria viscida'], Nat. Arr. Brit. Pl. (London) 1: 629 (1821)

Gomphus viscidus (L.) P. Kumm., Führ. Pilzk. (Zerbst): 93 (1871)

子实体中型，菌盖直径 2.5~8 cm，幼时钟形或近圆锥形，成熟后平展中部凸起，边缘内卷，有时平展，紫红色、葡萄酒红色、砖红色，表面黏，光滑，菌肉白色带红色，干后淡紫红色，近菌柄基部带黄色，无明显气味，菌褶延生，稀疏，幼时青黄色、锈色，后渐变为紫褐色、灰紫色或灰褐色。菌柄长 3~8 cm，直径 1~2.5 cm，圆柱形且向下渐细，上部有黏液，色同菌盖，近基部黄色，表面不光滑，似有纤维状茸毛。实心，上部有紫褐色纤毛状菌环。孢子印橄榄色至黑褐色。孢子大小为 12~20 μm × 4.5~7.2 μm，长椭圆状或梭状，浅褐色或黄褐色，中间有青黄色内含物，有小尖，有的具 2~3 个小油滴，淀粉样。担子大小为 50~70 μm × 8~10.2 μm，棒状，顶端渐膨大，无色，4 个小梗。侧生囊状体大小为 110~180 μm × 13~18 μm，无色，圆柱状或棒状，基部渐细，薄壁。

分布于河北省兴隆县、赤城县，林地上。具食药用性，可治疗神经性皮炎，抗氧化、抗肿瘤、降血糖和降血脂，预防和治疗帕金森病。

圆孔牛肝菌科 Gyroporaceae

119. 褐圆孔牛肝菌（栗色圆、孔牛肝菌、栎牛肝菌、褐空柄牛肝菌）

Gyroporus castaneus (Bull.) Quél., Enchir. Fung. (Paris): 161 (1886)

≡ *Boletus castaneus* Bull., Herb. Fr. (Paris) 7: Pl. 328 (1788)

= *Boletus fulvidus* Fr., Observ. Mycol. (Havniae) 2: 247 (1818)

*Boletus testaceu*s Gillet, Hyménomycètes (Alençon): 644 (1878)

Suillus fulvidus (Fr.) P. Karst., in Engler & Prantl, Bidr. Känn. Finl. Nat. Folk 37: 2 (1882)

子实体小至中型。菌盖直径 2~5 cm，半球形至平展，栗褐色、褐色、肉桂色至暗肉桂色，边缘稍变淡色，成熟后常表皮龟裂，有细微的茸毛。菌肉白色。菌管及孔口幼时米色至淡黄色，成熟后污黄色，每毫米 1~2 个。菌柄长 4~7 cm，直径 0.5~2 cm，近圆柱状，与菌盖表面同色，被细小鳞片，内部菌肉松软至中空，基部有淡粉红色菌丝体。伤不变色。孢子印淡黄色。担孢子 8.5~11.5 μm × 5.5~6.5 μm，椭圆状至宽椭圆状，光滑，近无色。具锁状联合。侧生囊状体无色，顶端略圆钝或有长细颈，棒状或近纺锤状，25~35 μm × 7~8 μm。

分布于北京市平谷区，林地上。可食用，但有毒，不建议食用。具药用性，可抗肿瘤。

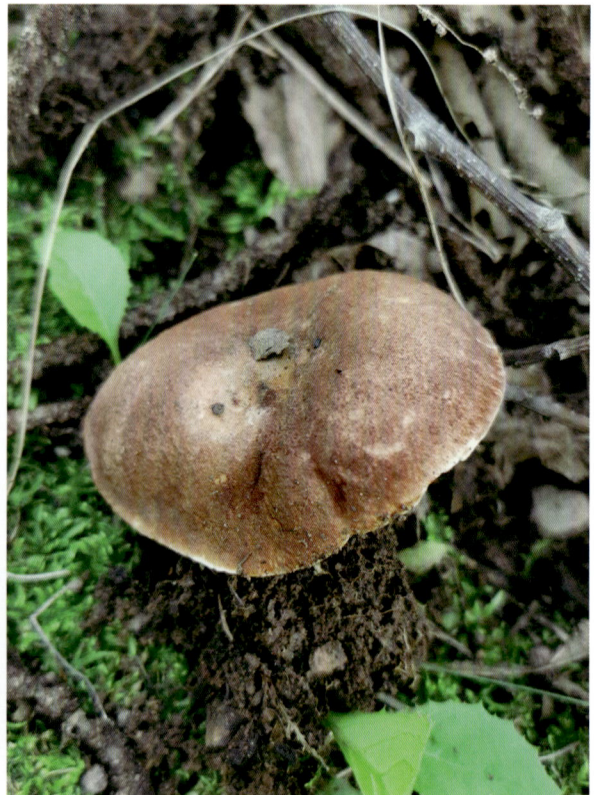

120. 近球孢圆孔牛肝菌

Gyroporus subglobosu N. K. Zeng, H. J. Xie, L. P. Tang & M. Mu, Mycol. Progr. 21 (1): 85 (2022)

担子果小型。菌盖直径 2.5~7 cm，幼时凸，之后扁平，成熟时边缘上抬，表面干燥，有时成熟时稍具缘毛，黄褐色、红褐色至暗褐色，菌盖中心部分菌肉厚 0.7 cm，白色，受伤时颜色不变。子实层多孔，在柄先端周围凹陷，孔近圆形到角形，直径 0.5~1 mm，幼时白色，后呈黄色，受伤不变色，菌管长 0.5~0.8 cm，淡黄色，受伤不变色。菌柄长 5~10 cm，直径 0.8~1.5 cm，中心，近圆柱状，基部稍扩大，脆，中空，表面干燥，具瘤，褐色至红褐色，内部白色，受伤时颜色不变。担子 20~29 μm × 11~15 μm，棍棒状，薄壁，4 孢子，担子梗长 2~6 μm。担子 6.5~10 μm × 5~7 μm，近球状至椭圆状，壁稍厚，光滑。

分布于北京市平谷区，林地上。食药用性未知。

齿菌科 Hydnaceae

121. 皱锁瑚菌

Clavulina rugosa (Bull.) J. Schröt., Krypt.-Fl. Schlesien (Breslau) 3.1 (25-32): 442 (1888)

= *Clavaria rugosa* Bull., Herb. Fr. (Paris) 10: Pl. 448, Fig. 2 (1790)

Clavicorona rugosa (Bull.) Corner, Beih. Nova Hedwigia 33: 168 (1970)

Ramaria rugosa (Bull.) Gray, Nat. Arr. Brit. Pl. (London) 1: 655 (1821)

子实体小型，高 4~7 cm，直径 3~6 mm，不分枝或少分枝，呈鹿角形，污白色至灰白色，干后黄色，常凹凸不平。菌肉白色，内实，伤不变色。担子 40~80 μm × 7~10 μm，具 2 个小梗。担孢子 8~14 μm × 7.5~12 μm，宽椭圆状至近球状，表面光滑至近光滑，无色，有小尖，内含油滴。

分布于北京市平谷区，林地上。具食用性。

122. 卷缘齿菌近似种

Hydnum aff. *repandum*

子实体中型。子实体一年生，具中生或偏侧生柄，新鲜时肉质，干后软木栓质。菌盖圆形，直径可达 10 cm，中部厚可达 5 mm，表面新鲜时奶油色至淡黄色，干后黄色，表面有微细茸毛，后光滑，幼时边缘内卷，成熟后上翘或有时开裂。子实层体淡黄色至黄褐色，刺状。菌刺黄褐色，分布较密，锥形，顶端尖锐，新鲜时脆质，触摸后易折断，干后稍弯曲，长可达 4 mm，每毫米 2~3 个。菌柄与菌盖表面同色，圆柱状，实心，干后皱缩，表面具不规则沟槽，长 2~4 cm，直径 1 cm。担子棒状，具 4 个小梗，无色。担孢子 7.8~9 μm × 6.6~7.8 μm，球状至近球状，无色，薄壁，光滑，非淀粉样，不嗜蓝。

分布于河北省兴隆县，林地上。食药用性未知。

轴腹菌科 Hydnangiaceae

123. 白蜡蘑（白皮条菌）

Laccaria alba Zhu L. Yang & Lan Wang, Nova Hedwigia 79 (3-4): 512 (2004)

菌盖直径 1~3 cm，白色至污白色，有时带粉红色。菌肉薄，白色。菌褶淡粉红色。菌柄长 3~5 cm，直径 3~5 mm，近圆柱状，白色至污白色，光滑至有细小纤丝状鳞片，基部有白色菌丝体。担孢子 7~9.5 μm × 7~9 μm，球状至近球状，具长 1.5~2 μm 的小刺，无色。

分布于北京市怀柔区，林地上。具食用性。

124. 漆亮蜡蘑（红蜡蘑、蜡蘑、红皮条菌、红皮条蜡蘑）

Laccaria laccata (Scop.) Cooke, Grevillea 12 (63): 70 (1884)

= *Agaricus laccatus* Scop., Fl. Carniol., Edn 2 (Wien) 2: 444 (1772)

Camarophyllus laccatus (Scop.) P. Karst., Bidr. Känn. Finl. Nat. Folk 32: 231 (1879)

Clitocybe laccata (Scop.) P. Kumm., Führ. Pilzk. (Zerbst): 122 (1871)

Collybia laccata (Scop.) Quél., Fl. Mycol. France (Paris): 237 (1888)

Omphalia laccata (Scop.) Quél., Enchir. Fung. (Paris): 26 (1886)

菌盖直径 2~4.5 cm，薄，近扁半球形，后渐平展并上翘，中央下凹呈脐状，新鲜时肉红色、淡红褐色或灰蓝紫色，湿润时水浸状，干后是肉色至藕粉色或浅紫色至蛋壳色，光滑或近光滑，边缘波状或瓣状并有粗条纹。菌肉与菌盖同色或粉褐色，薄。菌褶直生或近弯生，稀疏，宽，不等长，新鲜时肉红色、淡红褐色或灰蓝紫色。菌柄长 3~8 cm，直径 3~8 mm，与菌盖同色，近圆柱状或稍扁圆状，下部弯曲，实心，纤维质，较韧，内部松软。担孢子 7.5~11 μm × 7~9 μm，近球状，具小刺，无色或带浅黄色。

分布于北京市密云区，林地上。具食药用性，可抗肿瘤和抗氧化。

蜡伞科 Hygrophoraceae

125. 绯红齿湿伞

Hygrocybe coccineocrenata (P. D. Orton) M. M. Moser, in Gams, Kl. Krypt.-Fl., Edn 3 (Stuttgart) 2b/2: 68 (1967)

= *Hygrophorus coccineocrenatus* P. D. Orton, Trans. Br. mycol. Soc. 43 (2): 262 (1960)

Pseudohygrocybe coccineocrenata (P. D. Orton) Kovalenko, Mikol. Fitopatol. 22 (3): 209 (1988)

菌盖直径 6~25 mm，幼时凸起，成熟后变平或凹陷，中心凹陷，边缘多呈内弯，颜色为朱红色、橙红色或橙黄色，密布着小鳞片，向中心呈红褐色至灰色，边缘同色，具不透明条纹，表面干燥。菌褶下延，疏远，宽阔，幼时白色，成熟时蜡黄色。菌柄长 25~60 mm，直径 2~5 mm，圆柱状或向下逐渐变细，顶部为朱红色至橙红色，底部为橙色，基部为白色，光滑，中空，干燥。菌肉质细，淡朱红色。孢子印白色。担孢子 9~12 μm×5~6 μm，椭圆状，壁薄，透明。担子具 4 个小梗，窄棍棒状。

分布于北京市昌平区，林地上。食药用性未知。

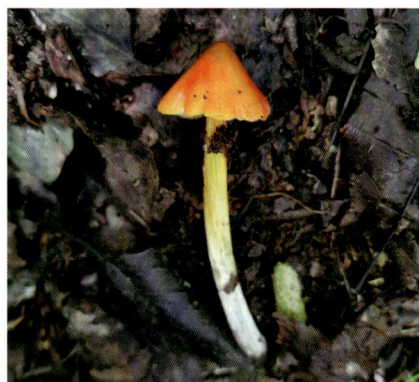

126. 辛格湿伞

Hygrocybe singeri (A. H. Sm. & Hesler) Singer, Sydowia 11 (1-6): 355 (1958)

≡ *Hygrophorus singeri* A. H. Sm. & Hesler, Sydowia 8 (1-6): 331 (1954)

菌盖直径 5~20 mm，幼时凸起，成熟后变平或凹陷，颜色为橙红色或橙色，边缘同色，具不透明条纹，干燥。菌褶下延，疏远，宽阔，幼时白色，成熟时蜡黄色。菌柄长 20~40 mm，直径 2~4 mm，圆柱状或向下逐渐变细，上部为橙红色或橙色，基部为白色，光滑，中空，干燥。菌肉质细，淡朱红色。孢子印白色。担孢子 6~12 μm×3~6 μm，椭圆状，壁薄，透明。担子具 4 个小梗，窄棍棒状。

分布于北京市昌平区，林地上。食药用性未知。

刺革菌科 Hymenochaetaceae

127. 石榴嗜蓝孢孔菌

Fomitiporia punicata Y. C. Dai, B. K. Cui & Decock, Mycol. Res. 112 (3): 376 (2008)

子实体多年生，平伏至反卷或具明显菌盖，单生或覆瓦状叠生，新鲜时木栓质，无特殊气味。菌盖三角形或马蹄形，外伸 5 cm，直径 6.5 cm，基部厚 3 cm，表面干后黑褐色，粗糙，无环区，开裂，边缘钝，黄褐色。孔口表面浅黄褐色至肉桂色，具折光反应，圆形至多角形，每毫米 4~6 个，边缘薄，全缘。菌肉黄褐色，木质，厚 2.5 cm。菌管肉桂色，木质，分层明显，长可达 1 cm。担孢子 5.8~7 μm×4~6.2 μm，近球状至球状，无色，厚壁，光滑，拟糊精样，强烈嗜蓝。

分布于北京市昌平区，腐木上。具药用性，可抗肿瘤。

128. 橙黄拟蜡伞

Hygrophoropsis aurantiaca (Wulfen) Maire ex Martin-Sans, L'Empoisonnem. Champ.: 99 (1929)

= *Agaricus aurantiacus* Wulfen, in Jacquin, Miscell. austriac. 2: 107 (1781)

Cantharellus aurantiacus (Wulfen) Fr., Syst. Mycol. (Lundae) 1: 318 (1821)

Clitocybe aurantiaca (Wulfen) Stud.-Steinh., Hedwigia 39(Beibl.): (6) (1900)

*Hygrophoropsis lactea (*Fr.) Rea ex Roux, Mille et Un Champignons: 100 (2006)

Merulius aurantiacus (Wulfen) J. F. Gmel., Syst. Nat., Edn 132 (2): 1430 (1792)

　　菌盖直径 2~5 cm，扁平，橘红色至黄褐色，中部色较深，被同色绒状鳞片。菌肉淡黄色。菌褶延生，密集，低矮，橘黄色至橘红色，褶缘圆钝。菌柄长 3~6 cm，直径 3~10 mm，圆柱状，褐黄色。担孢子 6~8 μm×4~5.5 μm，椭圆状至长椭圆状，光滑，无色至带黄色。

　　分布于河北省兴隆县，林地上。具食用性，但有毒，不建议食用；具药用性，可抗氧化，抗增殖。

129. 硬毛纤孔菌（粗毛纤孔菌）

Inonotus hispidus (Bull.) P. Karst., Meddn Soc. Fauna Flora fenn. 5: 39 (1879)

= *Boletus hispidus* Bull., Herb. Fr. (Paris) 4: Pl. 210 (1784)

Boletus villosus Huds., Fl. Angl., Edn 2: 626 (1778)

Inodermus hispidus (Bull.) Quél., Enchir. Fung. (Paris): 173 (1886)

Polyporus hispidus (Bull.) Fr., Observ. Mycol. (Havniae) 2: 260 (1818)

Polystictus hispidus (Bull.) Gillot & Lucand, Bull. Soc. Hist. Nat. Autun 3: 174 (1890)

子实体一年生，无柄，革质至软木栓质。菌盖平展，外伸 5 cm，直径 6 cm，基部厚 3 cm，表面浅褐色，活跃生长时金黄褐色，成熟时暗褐色，被粗毛，边缘钝。孔口表面褐色至暗褐色，多角形，每毫米 2~3 个，边缘薄，撕裂状。不育边缘明显，宽可达 3 mm。菌肉暗栗褐色，厚可达 3 cm。菌管与孔口表面同色，长可达 35 mm，担孢子 8.5~10 μm × 7.5~8.8 μm，椭圆状，金黄褐色，明显厚壁，非淀粉样，未成熟的孢子嗜蓝。

分布于北京市延庆区，腐木或树干上。具药用性，可助消化、止血、抗肿瘤。

130. 杨纤孔菌

Inonotus plorans (Pat.) Bondartsev & Singer, Annls mycol. 39 (1): 56 (1941)

子实体一年生，盖形，无柄，木栓质。菌盖半圆形，外伸可达 16 cm，直径可达 20 cm，中部厚可达 4 cm；表面干后肉桂色，被细茸毛；边缘钝。孔口表面茶褐色至棕褐色；多角形，每毫米 1~3 个；边缘薄，撕裂状。菌肉棕褐色，厚可达 2 cm，异质，上面具一皮壳状层区，菌肉层与皮壳层具一明显黑线。菌管浅肉桂色，长可达 2 cm。担孢子 9~11 μm × 8~9.5 μm，宽椭圆状，金黄褐色，厚壁，光滑，非淀粉样，弱嗜蓝。

分布于北京市昌平区，树干上。具药用性。

131. 辐射蓝孢孔菌（辐射状纤孔菌）

Mensularia radiata (Sowerby) Lázaro Ibiza, Revta R. Acad. Cienc. Exact. Fis. Nat. Madr. 14 (11): 736 (1916)

子实体一年生，无柄，覆瓦状叠生，木栓质。菌盖半圆形，外伸 3~5 cm，直径 5~7 cm，基部厚可达 20 mm，表面浅黄褐色至浅红褐色，被纤细茸毛至光滑，具明显的环纹，边缘锐，干后内卷。孔口表面栗褐色，具折光反应，每毫米 4~7 个，边缘薄，撕裂状。不育边缘明显，宽可达 4 mm。菌肉栗褐色，厚可达 10 mm。菌管浅灰褐色，长可达 11 mm。担孢子 3.8~5 μm × 2.6~3.5 μm，椭圆状，浅黄色，壁略厚，光滑，非淀粉样，嗜蓝。

分布于北京市延庆区，腐木上。具药用性。

132. 毛翁孔菌（茸毛昂尼孔菌）

Onnia tomentosa (Fr.) P. Karst., Revue Mycol., Toulouse 11 (47): 205 (1889)

= *Boletus tomentosus* (Fr.) Spreng., Syst. Veg., Edn 16 4 (1): 278 (1827)

  Inonotus tomentosus (Fr.) Teng, Fungi of China (Ithaca): 761 (1964)

  Polyporus tomentosus Fr., Syst. Mycol. (Lundae) 1: 351 (1821)

  Trametes tomentosus (Fr.) Fr., Summa Veg. Scand., Sectio Post. (Stockholm): 323 (1849)

子实体一年生，具中生或侧生柄，单生或覆瓦状叠生，革质至木栓质。菌盖圆形至扇形，中部凹陷，直径 3~5 cm，中部厚可达 6 mm，表面黄褐色至锈褐色，被厚茸毛，边缘锐或钝，乳白色至乳黄色。孔口表面新鲜时黄褐色，干后污褐色或黑褐色，多角形至圆形，每毫米 2~4 个，边缘薄，撕裂状。不育边缘明显，直径可达 5 mm。菌肉锈褐色，双层，上层茸毛质，下层木栓质至硬木栓质。菌管黄褐色，长可达 3 mm。菌柄锈褐色，长 3~4 cm，基部直径 1.5~1.8 cm。担孢子 5~6.3 μm × 3~3.8 μm，椭圆状，无色，薄壁，光滑，非淀粉样，不嗜蓝。

分布于河北省兴隆县，腐木上。食药用性未知。

133. 东亚木层孔菌

Phellinus orientoasiaticus L.W. Zhou & Y. C. Dai, Mycologia 108 (1): 197 (2016)

子实体多年生，具明显菌盖或平伏反卷，覆瓦状叠生，木质。菌盖半圆形至近马蹄形，外伸2.5~7 cm，直径5~12 cm，基部厚可达4 cm，表面浅灰褐色至暗褐色，后期开裂。边缘钝，灰褐色。孔口表面灰褐色，无折光反应，圆形，每毫米4~6个，边缘厚，全缘。不育边缘污褐色，粗糙，宽可达2 mm。菌肉黄褐色，厚可达5 mm，具白色菌丝束。菌管红褐色，长3.5 cm，分层明显，每层长可达5 mm，有时在成熟菌管中具白色菌丝束。担孢子4~5 μm×3~4 μm，宽椭圆状，无色，厚壁，光滑，非淀粉样，弱嗜蓝。

分布于北京市延庆区，腐木上。食药用性未知。

134. 鲍姆桑黄

Sanghuangporus baumii (Pilát) L.W. Zhou & Y. C. Dai, Fungal Diversity 77: 340 (2015)

= *Inonotus baumii* (Pilát) T. Wagner & M. Fisch., Mycologia 94 (6): 1009 (2002)

Phellinus baumii Pilát, Bull. Trimest. Soc. Mycol. Fr. 48 (1): 25 (1932)

子实体多年生，无柄，木栓质。菌盖马蹄形，外伸 4 cm，直径 8 cm，基部厚 3.5 cm，表面黑灰色至近黑色，具同心环带和浅的沟纹，开裂，边缘钝，污褐色。孔口表面褐色至黑褐色，具折光反应，多角形，每毫米 7~10 个，边缘薄，全缘。不育边缘明显，黄褐色，宽可达 5 mm。菌肉褐色至污褐色，厚可达 1 cm。菌管分层明显，长可达 2 cm。担孢子 3.3~4 μm × 2.4~3.3 μm，宽椭圆状，浅黄色，厚壁，光滑，非淀粉样，不嗜蓝。

分布于北京市延庆区，腐木上。具药用性。

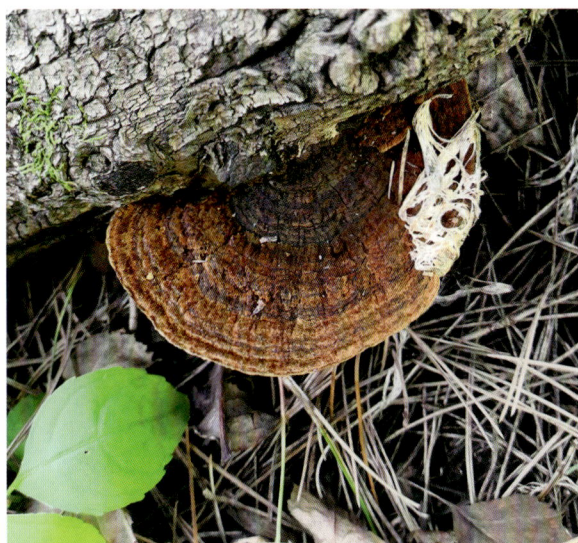

135. 锦带花桑黄孔菌

Sanghuangporus weigelae (T. Hatt. & Sheng H. Wu) Sheng H. Wu, L.W. Zhou & Y. C. Dai, Fungal Diversity 77: 340 (2015)

≡ *Inonotus weigelae* T. Hatt. & Sheng H. Wu, Bot. Studies (Taipei) 53 (1): 143 (2012)

菌盖呈不规则圆形或半圆形，菌盖比菌肉色深，有暗棕色、深褐色至灰黑色，新鲜时为木栓质，成熟衰老后为硬木质。菌盖 2~15 cm × 2~10 cm。菌盖相对的孔口表面淡黄色，菌肉同质或异质，厚 2~4 cm。孢子卵圆状或近球状，淡黄色，壁厚明显，形状光滑。

分布于河北省兴隆县，腐木上。具药用性，可抗肿瘤，降低血脂，治疗肺炎。

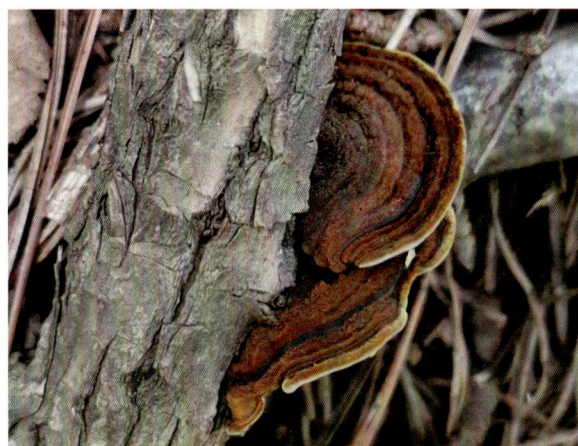

腹菌科 Hymenogastraceae

136. 桔黄裸伞（橘黄裸伞）

Gymnopilus spectabilis (Weinm.) A. H. Sm., Mushrooms in their natural habitats: 471 (1949)

子实体中等大。菌盖直径 3~7 cm，幼时半球形后近平展，橙黄色至橘红色，中部有红色细鳞片，边缘平滑。菌肉黄色，味苦。菌褶黄色后变锈色，稍密。菌柄长 3~5 cm，直径 0.4~1 cm，近柱形，较盖色浅，具毛状鳞片，内部实心，基部稍膨大。菌环膜质，生菌柄之靠顶部。孢子印锈色。孢子锈色，具麻点，椭圆状或宽椭圆状 6~8 μm × 4.5~5.5 μm。褶缘囊体瓶状，20~25 μm × 6~10 μm。

分布于北京市延庆区，腐木或树干上。有毒；具药用性，可抗氧化。

137. 豆粒层腹菌

Hymenogaster arenarius Tul. & C. Tul., G. Bot. Ital. 2 (1): 55 (1844)

子实体直径 0.2~1.8 cm，近球形，表面有小叶状或凹陷。外包被纯白色至灰白色，受伤后不变色，干燥时呈黄褐色，表面呈哑光且光滑。产孢组织白色至棕色，呈斑驳状，最后变为灰黑色，腔室较大，角状，从基部辐射状分布，不育基部幼时存在，后不明显。菌髓层厚 70~100 μm，呈灰色。无气味或微弱气味。孢子 16~22 μm × 10~17 μm，椭圆状至梭状、梨状，红褐色，厚壁。担子 25~30 μm × 6~7 μm，圆柱形，具 2 个孢子小梗。

分布于北京市密云区，树木根部浅层土壤中。食药用性未知。

138. 白层腹菌

Hymenogaster niveus Vittad., Monogr. Tuberac. (Milano): 24 (1831)

子实体直径 0.2~1.5 cm，近球形，有凹陷。外包被纯白色至灰白色或淡黄色，受伤后不变色，干燥时呈黄褐色，表面呈哑光且光滑。产孢组织白色至棕色，呈斑驳状，最后变为灰黑色，腔室较大，从基部辐射状分布，不育基部幼时存在，后不明显。菌髓层厚 70~100 μm，呈灰色。无气味或微弱气味。孢子 10~20 μm × 10~15 μm，椭圆状至梨状，红褐色，厚壁。担子 10~25 μm × 4~7 μm，圆柱状，具 2 个孢子小梗。

分布于北京市密云区及河北省遵化市，树木根部浅层土壤中。食药用性未知。

丝盖菌科 Inocybaceae

139. 球孢靴耳（拟球孢靴耳、球孢锈耳）

Crepidotus cesatii (Rabenh.) Sacc., Michelia 1 (1): 2 (1877)

= *Agaricus cesatii* Rabenh., Flora, Regensburg 34: 564 (1851)

Agaricus variabilis var. *sphaerosporus* Pat., Tab. Analyt. Fung. (Paris) 1 (3): 101 (1884)

Claudopus sphaerosporus (Pat.) Sacc., Syll. Fung. (Abellini) 5: 734 (1887)

Crepidotus sphaerosporus (Pat.) J. E. Lange, Dansk bot. Ark. 9 (6): 52 (1938)

菌盖直径 15~30 mm，幼时钟形至凸镜形，成熟后渐平展，圆形或肾形，有时边缘瓣裂，内卷，表面白色，密生短茸毛。菌褶密集至稍稀，近直生，幼时白色至肉粉色，成熟后变为褐黄土色。菌肉薄，白色，气味不明显，味道稍带一点苦味。无菌柄。担孢子 6.5~8.6 μm × 5.5~7.2 μm，近球状至宽椭圆状，有不透明的颗粒状内含物，中央有大油滴，表面具针刺，有尖状至锥形疣突，高 0.8~1.5 μm，厚度约 0.9 μm，深赭色。担子 21~25 μm × 9.5~11.2 μm，棒状，具 4 个担子小梗，偶 2 个担子小梗，小梗长约 6 μm，基部具锁状联合。

分布于北京市怀柔区，腐木上。食药用性未知。

140. 紫晶丝盖伞

Inocybe amethystina Kuyper, Persoonia, Suppl. 3: 135 (1986)

菌盖 1.8~3 cm，幼时呈凸形，成熟后来变平，暗红褐色，向边缘渐变为红紫色，表面光滑，在中间部位有细小的毛状鳞片，在边缘有放射状纤维。菌褶起初呈浅黄褐色，有时带有浅紫色，边缘呈鞘状，白色。菌柄均匀，长 2~3 cm，直径 0.4~0.6 cm，顶部呈浅紫色或紫罗兰色，底部呈沙黄色，表面光滑。孢子 8~11.5 μm × 5~6.5 μm，光滑，近杏仁状，具圆锥状先端。担孢子 25~32 μm × 8~10 μm，具 4 个孢子小梗。

分布于河北省怀来县，林地上。食药用性未知。

141. 丽孢丝盖伞近似种

Inocybe aff. *calospora*

子菌盖直径 1~3 cm，圆锥形至斗笠形，中部凸起，黄褐色至锈褐色，有褐色鳞片及茸毛，边缘有平伏纤毛，可裂开。菌肉污白黄色。菌褶肉桂色，近离生，密，不等长。菌柄细长，长 4~8 cm，直径 0.3~0.6 cm，柱状，同盖色，具毛或条纹，基部膨大，纤维质。孢子锈褐色，有棘刺，球状，7~10 μm×6~8 μm。

分布于北京市平谷区，林地上。食药用性未知。

142. 卷毛丝盖伞近似种

Inocybe aff. *flocculosa*

菌盖 20~40 mm，微小，纤维状，钟形或凸状，中央稍高，淡褐色，表面茸毛状或鳞片状，菌褶附着在菌柄上，淡褐色，密集，菌柄长 30~70 mm，直径 4~5 mm，圆柱状，表面呈奶白色，实心，基部球状，中央弯曲。担子 20~25 μm×6.25~7.5 μm，孢子 8~11.25 μm×5.5~6.5 μm，杏仁状，表面光滑，浅褐色，具 4 孢子小梗。

分布于河北省赤城县。有毒。

143. 土味丝盖伞

Inocybe geophylla P. Kumm., Führ. Pilzk. (Zerbst): 78 (1871)

子实体小型。菌盖直径 2~5 cm，幼时钟形，成熟后平展，中部凸起，污白色，中部带黄色，表面干，具放射状纤毛且有丝光，边缘呈齿状。菌肉白色，薄。菌褶灰褐色，直生后弯生，较密。菌柄长 3~8 cm，直径 0.2~0.3 cm，圆柱状，白色，顶部具粉状物，内实后变中空。孢子浅褐色，平滑，椭圆状，7~9 μm × 4.5~5 μm，内含颗粒。侧生囊体中部膨大厚壁，顶端有结晶，呈纺锤状，40~52 μm × 12~16 μm。

分布于河北省赤城县，林地上。有毒。

144. 薄囊丝盖伞

Inocybe leptocystis G. F. Atk., Am. J. Bot. 5: 212 (1918)

菌盖直径 12~35 mm，幼时半球形，后变为凸镜形至近平展，盖中央具不明显的凸起，盖表面米黄色至褐色，表面被平伏的细密鳞片。菌褶密，直生，幼时白色至灰白色，后逐渐变为黄褐色至褐色，褶缘色淡。菌柄长 35~65 mm，直径 2.5~5 mm，白色至米黄色，中生或稍偏生，圆柱状，等粗，基部稍膨大，基部膨大处宽 5~7 mm，中实。菌肉气味不明显，菌盖菌肉肉质，白色，菌柄上部菌肉白色至淡黄色，纤维质。担孢子 8~10 μm × 5~6.5 μm，近杏仁状，光滑，黄褐色。担子 22~28 μm × 8~10 μm，棒状，淡黄色，具 4 个担子小梗。

分布于北京市延庆区，林地上。食药用性未知。

145. 紫褶丝盖伞近似种

Inocybe aff. *myriadophylla*

　　菌盖直径 1~4 cm，幼嫩时呈半球形，边缘内翻，成熟后呈平凸形，边缘内翻或外翻，中心有时稍微隆起，幼嫩时呈灰褐色至黄褐灰色，成熟后变为灰褐色，中心通常最暗，呈黄褐色，表面有茸毛，边缘有时带有白色组织碎片。菌褶狭窄，密集，贴生至稍下延，边缘苍白，等生。菌柄长 3~5 cm，直径 0.4~0.7 cm，圆柱状或略微向基部变细，呈白色或浅灰色，后来变为浅棕色至浅灰褐色，基部为白色，纤维状，丝质光滑，实心，后通常中空。孢子 7.9~9.6 μm × 4.7~5.5 μm，表面光滑。担子 20~34 μm × 7~9 μm，棒状，具 4 个孢子小梗。

　　分布于河北省兴隆县，林地上。食药用性未知。

146. 裂丝丝盖伞（裂丝盖伞）

Inocybe rimosa Britzelm., Ber. Naturhist. Augsburg 27: 150 (1883)

　　菌盖直径 2~6 cm，幼时圆锥形至钟形，后平展，中部锐凸，草黄色，细缝裂至开裂。菌肉白色至浅黄褐色。菌褶较密，窄，直生至近离生，草黄色、黄褐色至橄榄色，边缘色淡，不等长。菌柄长 6~12 cm，直径 0.4~0.9 mm，圆柱状，基部稍膨大，实心，白色至黄色，顶部具屑状鳞片，向下渐为纤维状鳞片。幼时可见菌幕残留，菌幕易消失，担孢子 9.5~14.5 μm × 6~8.5 μm，长椭圆状至豌豆状，光滑，褐色。

　　分布于北京市怀柔区，林地上。有毒；具药用性，可抗肿瘤，抗湿疹。

147. 星状丝盖伞

Inocybe stellata E. Horak, Matheny & Desjardin, Phytotaxa 230 (3): 215 (2015)

菌盖呈圆锥形或尖峰形，带有小凸起，深棕色或暗褐色，凸起会变干成黄褐色或浅黄褐色，表面中央有向外翻卷的鳞片，菌盖边缘有残留的膜片，但随着年龄增长不会持续存在，菌肉坚韧，暴露后不会有变化。菌柄纤细，基部等宽或稍微膨大，表面干燥，密布有明显的白色或同色系的纤维。气味不明显。担孢子直径 12~16 μm，球状或近球状。担子 25~40 μm×10~13 μm，棍棒状或近圆柱状，具 4 个孢子小梗，侧生囊状体和褶缘囊状体 35~50 μm×15~20 μm，宽纺锤状，壁厚 1~2 μm，顶端带有晶体。

分布于北京市昌平区，林地上。食药用性未知。

148. 茶褐丝盖伞

Inocybe umbrinella Bres., Annls Mycol. 3 (2): 161 (1905)

子实体中型，菌盖直径 1~4 cm，斗笠形，中间部分凸起，顶部茶褐色，边缘色浅，有棕色片状鳞片，菌肉白色，菌褶棕色至锈色，不等长，较疏，弯生，菌柄长 4~8 cm，直径 0.4~0.6 cm，土黄色，基部膨大。孢子 9.6~12 μm×5.3~7.2 μm，椭圆状，表面光滑，锈色，有内含物，非淀粉样，担子 23.6~34.1 μm×9.1~11.8 μm，无色，棒状，具 4 个孢子小梗。

分布于北京市延庆区，林地上。有毒。

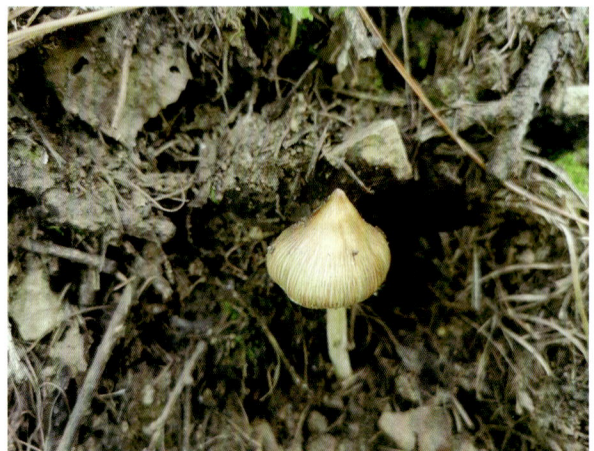

149. 刺毛暗皮伞

Phaeomarasmius erinaceellus (Peck) Singer, Lilloa 22: 577 (1951)

菌盖直径 1~2 cm，幼时半球形，成熟后圆形或圆锥形凸出并平展，边缘留有膜质残片。表面干燥，黄褐色至橙褐色，具有翘起且易脱落的细鳞片。菌肉薄，浅黄色。菌褶直生，浅黄色至灰黄色或黄土色，褶缘具细锯齿。菌柄长 2.5~4 cm，直径 0.2~0.4 cm，等粗，纤维质，带易脱落的膜质菌环。孢子 5~7 μm×4~5 μm，呈不对称的椭圆状，表面平滑，无萌发孔。褶缘囊状体 38~55 μm×6~12 μm，丛生，棍棒状或圆柱状，顶端球形膨大。

分布于河北省兴隆县，腐木上。食药用性未知。

耙菌科 Irpicaceae

150. 革质絮干朽菌

Byssomerulius corium (Pers.) Parmasto, Eesti NSV Tead. Akad. Toim., Biol. seer 16 (4)：384 (1967)

菌盖紧贴至反曲状，常连接或重叠，在贴生状态下，直径 0.5~3 cm，边缘为白色至苍白色，很少为粉红色或棕黄色，具细毛或棉毛状，反曲状态下，下表面为白色至苍白色，坚实，孔状且有茸毛，直径可达 5 cm，厚度为 6 mm，子实层浅黄色至红橙色，质地蜡状，褶皱宽 0.3 mm，深 1 mm，间断形成疣凸，或连续并交错形成同心或随机排列的椭圆形凹坑，每毫米有 2~4 个，菌肉白色至苍白色，厚 0.7 mm。孢子透明，薄，光滑，孢子为双核，椭圆状至卵状，侧面呈内凹或微凹，4~7 μm×2~3.5 μm。

分布于北京市延庆区、平谷区，腐木上。食药用性未知。

马勃科 Lycoperdaceae

151. 大秃马勃

Calvatia gigantea (Batsch) Lloyd, Mycol. Writ. 1 (Lycoperd. Australia) 1: 166 (1904)

≡ *Lycoperdon giganteum* Batsch, Elench. Fung. (Halle): 237 (1786)

= *Bovista gigantea* (Batsch) Gray, Nat. Arr. Brit. Pl. (London) 1: 583 (1821)

Globaria gigantea (Batsch) Quél., Mém. Soc. Émul. Montbéliard, Sér. 25: 370 (1873)

子实体呈扁球形，直径为 20~50 cm，白色，后变为黄褐色至橄榄褐色，表面光滑。外包被薄，白色。内包被薄，易碎，最终脱落，暴露出产孢组织。产孢组织白色，后来变为黄色至深橄榄褐色。孢子沉积为橄榄褐色。球状至近球状，直径为 3.5~5.5 μm，有颗粒状凸起，浅橄榄褐色，无残留的小梗。

分布于河北省赤城县，林地上。具药用性，可消肿、养颜、清肺、解毒、抗肿瘤、治疗皮肤真菌病。

152. 柯氏隔马勃

Lycoperdon curtisii Berk., Grevillea 2 (16): 50 (1873)

子实体高 2~4 cm，直径 1~3 cm，倒卵形，表面覆盖疣状和锥形凸起，易脱落，脱落后在表面形成淡色圆点，连接成网纹，幼时近白色或奶油色，成熟后变灰黄色至黄色，老后淡褐色。不育基部发达或伸长如柄。担孢子直径 2~4 μm，球状，壁稍薄，具微细刺状或点状凸起，无色或淡黄色。

分布于北京市延庆区，林地上。食药用性未知。

153. 网纹马勃

Lycoperdon perlatum Pers., Observ. Mycol. (Lipsiae) 1: 4 (1796)

子实体高 3~4 cm，直径 2~4 cm，倒卵形至陀螺形，表面覆盖疣状和锥形凸起，易脱落，脱落后在表面形成淡色圆点，连接呈网纹，幼时近白色或奶油色，成熟后变灰黄色至黄色，老后淡褐色。不育基部发达或伸长如柄。担孢子直径 3.5~4 μm，球状，壁稍薄，具微细刺状或状凸起，无色或淡黄色。孢丝淡黄色至浅黄色，长，少分枝，3.5~5.5 μm，末端约 2 μm。

分布于河北省兴隆县，林地上。可食用；具药用性，可消肿、止血、抗菌、清肺、止痛、喉咙痛、排毒。

154. 龟裂马勃

Lycoperdon utriforme Bull., Hist. Champ. Fr. (Paris) 1 (1): 153, Pl. 450:1 (1791)

子实体大型，高 8~16 cm，直径 6~18 cm，近陀螺形或近不规则球形，白色，渐变为淡锈色、浅褐色。外包被常龟裂，内包被薄，成熟时顶部裂成碎片脱落，露出青色的产孢组织。产孢组织幼时初白色，成熟后变为黄色，然后逐渐变为橄榄色和深棕色，松散而粉状。不育基部较大，有横隔与产孢组织隔开。担孢子 3~6 μm × 4~6 μm，球状至近球状，光滑，青黄色。

分布于北京市延庆区，林地上。可食用；具药用性，可抗炎、止血、抗菌、解毒。

155. 近粉明马勃

Morganella subincarnata (Peck) Kreisel & Dring, Reprium nov. Spec. Regni Veg. 74 (1-2): 117 (1967)

子实体直径 1~3 cm，呈球形至梨形，通过白色菌丝附着在基质上，淡粉色至棕色，上覆盖着肉桂色至紫红色或红褐色的疣状和锥形凸起，成熟时疣状和锥形突起会脱落，露出白色的产孢组织。产孢组织幼时白色，成熟后变为紫褐色，松散而粉状。担孢子直径 2~4 μm，球状，壁稍薄，具微细刺状或点状凸起，无色或淡黄色。

分布于北京市延庆区，林地上。食药用性未知。

离褶伞科 Lyophyllaceae

156. 橙黄丽蘑

Calocybe aurantiaca X. D. Yu & Jia J. Li, Mycologia 109: 5 (2017)

菌盖直径 1~3 cm，平坦，中心略凹陷，表面丝状，橙色。菌褶下延，直径为 0.2~0.3 cm，浅黄橙色，密集，边缘整齐。菌柄长 1.5~3 cm，直径为 0.2~0.3 cm，中央，圆柱状，表面浅黄橙色，基部有白色纤维。菌肉在与菌柄相接处厚度 0.2~0.3 cm，在边缘处较薄，与菌盖颜色一致。担孢子大小为 2~4 µm × 1.5~3 µm，近球状，透明，非淀粉样，光滑。担子 12~16 µm × 3~6 µm，棒状，具 4 个孢子小梗，近透明。

分布于北京市平谷区，林地上。食药用性未知。

157. 变色丽蘑

Calocybe decolorata X. D. Yu & J. J. Li, Mycologia 109: 8 (2017)

菌盖直径 3~5 cm，表面呈黄色至橙色，常潮湿，茸毛状，幼时凸起，成熟后平坦，中心凹陷，边缘扩展并上翘。菌褶下延，密集，菌褶边缘齿状，脆弱，白色，伤后变蓝。菌柄长 3~5 cm，直径为 0.2~0.5 cm，中央，圆柱状，底部稍微膨胀，幼时纤维状，成熟后中空，表面呈黄色至黄褐色，基部有纤维。菌盖菌肉与菌柄相接处厚度可达 0.3~0.5 cm，在边缘处较薄，白色至奶油色。担孢子大小为 1~4 µm × 4~3 µm，近球状，透明，光滑。担子大小为 11~20 µm × 3~5 µm，棒状，具 4 个孢子小梗，近透明。

分布于北京市平谷区，林地上。食药用性未知。

158. 丽蘑属拟似新种

Calocybe sp.

菌盖直径 6~10 cm，幼时近半球形，成熟后渐变为凸镜形至平展，光滑，不黏，近白色至浅褐色，边缘内卷。菌肉白色，厚，具香味。菌褶白色或稍带黄色，窄，不等长，密。菌柄长 6~10 cm，直径 1.5~3 cm，白色至浅黄色，具条纹，实心。担孢子 5.5~6.5 μm×3~4.5 μm，椭圆状，光滑，无色。

分布于北京市延庆区，林地上。食药用性未知。

159. 荷叶离褶伞（荷叶菇、冻菌、冷香菌、北风菌）

Lyophyllum decastes (Fr.) Singer, Lilloa 22: 165 (1951)

≡ *Agaricus decastes* Fr., Observ. Mycol. (Havniae) 2: 105 (1818)

= *Agaricus aggregatus* Schaeff., Fung. Bavar. Palat. Nasc. (Ratisbonae) 4: 72 (1774)

Agaricus polius Fr., Observ. Mycol. (Havniae) 1: 19 (1815)

Clitocybe aggregata (Schaeff.) Gillet, Hyménomycètes (Alençon): 161 (1874)

Gyrophila aggregata (Schaeff.) Quél., Enchir. Fung. (Paris): 19 (1886)

Lyophyllum aggregatum (Schaeff.) Kühner, Bull. Mens. Soc. Linn. Soc. Bot. Lyon 7: 211 (1938)

Tricholoma cinerescens (Bull.) Gillet [as 'cinerascens'], Hyménomycètes (Alençon): 121 (1874)

菌盖直径 5~7 cm，扁半球形至平展，中部下凹，灰白色至灰黄色，光滑，不黏，边缘平滑且幼时内卷，成熟后伸展呈不规则波状瓣裂。菌肉中部厚，白色。菌褶直生至延生，稍密至稠密，白色，不等长。菌柄长 3~8 cm，直径 1~2 cm，近圆柱状或扁圆柱状，白色，光滑，实心。担孢子 5~7 μm×5~6 μm，近球状，光滑，无色。

分布于北京市怀柔区，林地上。可食用；具药用性，可抗肿瘤、抗菌、降低血糖。

小皮伞科 Marasmiaceae

160. 褐孢小皮伞

Marasmius brunneoaurantiacus Antonín & Buyck, Fungal Diversity 23: 24 (2006)

菌盖直径 5~13 mm，呈凸状或钟凸状，中央凹陷，具有纵沟，边缘微波状，细毛状，呈橙褐色、浅褐色至棕色，边缘和条纹处稍微较浅。菌褶宽，白色，具有褐色、细毛状的边缘。菌柄长 15~45 mm，丝状，深褐色至黑褐色，顶端附着，光滑，无毛，具有根状菌丝。担孢子 9.5~11 μm × 4.5~6 μm，椭圆状，薄壁，透明，非淀粉样。担子 25~28 μm × 4~9.5 μm，具 4 个孢子小梗，棍棒状。原担子 15~30 μm × 4~9 μm，棍棒状、亚圆柱状或纺锤状。

分布于北京市怀柔区，林地上。食药用性未知。

161. 融合小皮伞

Marasmius confertus Berk. & Broome, J. Linn. Soc., Bot. 14 (73): 34 (1873)

菌盖直径 1~3 cm，钟形、扁半球形或凸镜形至平展，幼时橙色至橙红色，后中央红褐色，偶有褪色呈浅橙色，边缘颜色较浅，光滑，无条纹至有弱条纹。菌肉薄，白色。菌褶直生，白色，较窄，稍密，有横脉。菌柄长 3~9 cm，直径 2~3 mm，靠近菌盖部分白色，逐渐变为橙色、橙褐色或红褐色，基部菌丝体白色至淡黄色。担孢子 8~10 μm × 3~4 μm，椭圆状，非淀粉样，薄壁。

分布于北京市平谷区，林地上。食药用性未知。

162. 大孢小皮伞

Marasmius macrocystidiosus Kiyashko & E. F. Malysheva, Phytotaxa 186 (1): 9 (2014)

菌盖直径 3~5 cm，质韧，半球形，浅棕色或灰褐色，表面分布有许多细小的孔，边缘灰橙色的花边状，菌肉薄，白色，受伤后不变色，菌褶直生，直径 0.3~0.5 cm，白色，与边缘同色，菌柄长 3~8 cm，直径 0.6 cm，圆柱状，向基部稍变粗，菌柄纤维状纹路稍扭曲，表面无光泽，干燥，整个菌柄被茸毛覆盖，菌柄下部到基部有白色茸毛，内部中空。孢子印白色。

分布于天津市蓟州区，林地上。食药用性未知。

163. 干小皮伞（琥珀小皮伞）

Marasmius siccus (Schwein.) Fr., Epicr. Syst. Mycol. (Upsaliae): 382 (1838)

菌盖直径 0.5~2 cm，半球形、凸镜形至平展，橙黄色、赭黄色、橙色至深橙色，中央下陷，有脐凸，有条纹。菌肉薄，白色。菌褶直径 1~1.5 mm，弯生至近离生，白色，较稀，有或无小菌褶，边缘带菌盖颜色，有些标本不明显。菌柄长 2~5 cm，直径 0.5~1.5 mm，圆柱状，上部白色，向下逐渐变为深栗色至黑色，光滑，有漆样光泽，基部有白色至黄白色的菌丝体。担孢子 16~21 μm × 3~4 μm，倒披针状，常弯曲，光滑，白色。

分布于北京市密云区、延庆区，林地上。食药用性未知。

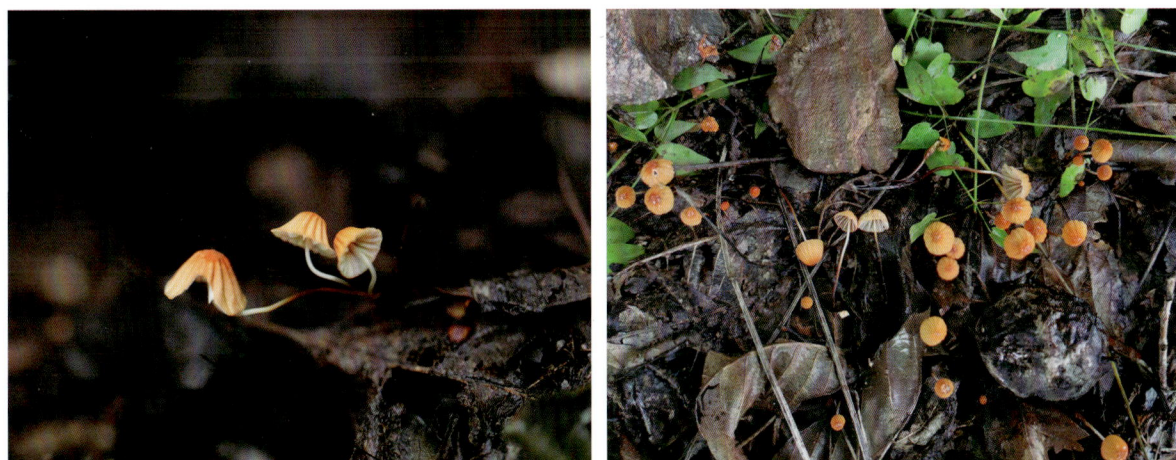

肉孔菌科 Meripilaceae

164. 贝叶奇果菌（灰树花孔菌、灰树花）

Grifola frondosa (Dicks.) Gray, Nat. Arr. Brit. Pl. (London) 1: 643 (1821)

≡ *Agaricus frondosus* (Dicks.) Schrank, Baier. Fl. (München) 1: 159 (1786)

Boletus frondosus Dicks., Fasc. Pl. Crypt. Brit. (London) 1: 18 (1785)

Boletus intybaceus Baumg., Fl. Lips.: 631 (1790)

Grifola albicans Imazeki, J. Jap. Bot. 19: 386 (1943)

Merisma intybaceum (Fr.) Gillet, Hyménomycètes (Alençon): 692 (1878)

Polyporus intybaceus Fr., Epicr. Syst. Mycol. (Upsaliae): 446 (1838)

子实体一年生，具柄，柄从基部分枝形成许多具侧生柄的菌盖，覆瓦状叠生或连生，新鲜时肉质，干后软木质。菌盖扇形、贝壳形至花瓣形，外伸可达 7 cm，直径可达 8 cm，厚可达 0.7 cm，表面灰白色至浅褐色，光滑，具不明显放射状条纹，无同心环带，边缘与菌盖表面同色，波状，干后下卷。孔口表面白色至奶油色，形状不规则，每毫米 2~3 个，边缘薄，撕裂状。菌肉白色至奶油色，厚可达 4 mm。菌管与孔口表面同色，延生至菌柄上部，长可达 3 mm。菌柄多分枝，奶油色，长可达 8 cm，直径可达 1.5 cm。担孢子 5~7 μm×3~4 μm，卵圆状至椭圆状，无色，薄壁，光滑，非淀粉样，不嗜蓝。

分布于北京市昌平区，腐木或树干上。具食药用性、可治疗肝病和糖尿病、抗高血压、抗糖尿病、抗氧化、抗病毒、降血脂、调节免疫。

165. 银杏硬孔菌

Rigidoporus ginkgonis (Y. C. Dai) F. Wu, Jia J. Chen & Y. C. Dai, Mycologia 109 (5): 761 (2017)

子实体一年生至二年生，平伏，革质，长 2~6 cm，直径 2~4 cm，基部厚可达 5 mm。孔口表面新鲜时白色至奶油色，干后奶油色至浅黄色，无折光反应。孔口多角形，每毫米 4~5 个。边缘薄，略呈撕裂状。不育边缘窄至几乎无。菌肉新鲜时乳白色，软革质，干后奶油色，软木栓质，厚可达 0.2 mm。菌管干后奶油色，长可达 4.5 mm。担孢子 5~6 μm × 4~5 μm，宽椭圆状至近球状，无色，薄壁，光滑，非淀粉样，不嗜蓝。

分布于北京市怀柔区，树干上。食药用性未知。

166. 杨硬孔菌

Rigidoporus populinus (Schumach.) Pouzar, Folia Geobot. Phytotax. Bohemoslov. 1 (4): 368 (1966)

子实体多年生，无柄，覆瓦状叠生，木栓质。菌盖半圆形，外伸 2~7 cm，直径 2~4 cm，厚 2~4 cm，表面幼时白色至浅黄色，成熟后灰黄色，边缘锐，乳白色。孔口表面新鲜时乳白色全奶油色，干后浅黄色，具折光反应，圆形，每毫米 6~8 个。边缘薄，全缘。不育边缘明显，乳白色，直径可达 2 mm。菌肉奶油色至浅棕黄色，厚可达 1 cm。菌管与孔口表面同色，分层明显，长可达 60 mm。担孢子 3~4 μm × 3~4 μm，近球状或卵圆状，无色，薄壁，光滑，非淀粉样，不嗜蓝。

分布于天津市蓟州区，腐木上。食药用性未知。

干朽菌科 Meruliaceae

167. 小丝皮菌

Hyphoderma rude (Bres.) Hjortstam & Ryvarden, Mycotaxon 10 (2): 275 (1980)

子实体呈贴生状，幼时较薄，随着成熟逐渐变厚，白色至奶黄色，后呈橙褐色。菌褶齿状，密集，齿尖有丝状饰边，边缘光滑而变薄。担子圆柱状至近棍棒状，薄壁，基部具锁状联合，具 4 个担子小梗，14~22 μm×5~7 μm。孢子椭圆状至近圆柱状，薄壁，不嗜蓝，非淀粉样，6~12 μm×3~6 μm。

分布于天津市蓟州区，腐木上。食药用性未知。

168. 胶质射脉菌

Phlebia tremellosa (Schrad.) Nakasone & Burds., Mycotaxon 21: 245 (1984)

≡ *Merulius tremellosus* Schrad., Spicil. Fl. Germ. 1: 139 (1794)

‒ *Sesia tremellosa* (Schrad.) Kuntze, Revis. Gen. Pl. (Leipzig) 2: 870 (1891)

Xylomyzon tremellosum (Schrad.) Pers., Mycol. Eur. (Erlanga) 2: 30 (1825)

子实体一年生，平伏反卷或具明显菌盖，覆瓦状叠生，新鲜时易与基物剥离，肉质至革质。菌盖窄半圆形，外伸 0.8~2 cm，直径 1~3 cm，厚可达 3 mm，表面白色、浅黄色至粉黄色，被小茸毛。子实层体浅肉桂色、橘黄色至锈橘色，具放射状脊，干后似浅孔状。孔口圆形，每毫米 3~4 个，边缘厚，全缘。不育边缘流苏状，宽约 3 mm。菌肉灰白色，厚可达 2 mm。菌管红褐色，长可达 1 mm。担孢子 4~5 μm×1~2 μm，棒状，无色，薄壁，光滑，非淀粉样，不嗜蓝。

分布于北京市怀柔区，腐木上。具药用性，可抗肿瘤、抑菌。

169. 赭黄齿耳

Steccherinum ochraceum (Pers. ex J. F. Gmel.) Gray, Nat. Arr. Brit. Pl. (London) 1: 651 (1821)

= *Hydnum ochraceum* Pers. ex J. F. Gmel., Syst. Nat., Edn 13 2 (2): 1440 (1792)

Hydnum pudorinum Fr., Elench. Fung. (Greifswald) 1 : 133 (1828)

Leptodon ochraceus (Pers. ex J. F. Gmel.) Quél., Fl. mycol. France (Paris): 441 (1888)

Odontia denticulata (Pers.) Quél., Enchir. Fung. (Paris): 194 (1886)

子实体一年生，平伏反卷或具明显菌盖，覆瓦状叠生，革质。菌盖扇形或半圆形，外伸 0.5~1.5 cm，直径 2~4 cm，厚可达 1 mm，表面淡灰黄色，具环纹和环沟，边缘锐，干后内卷。子实层体齿状。菌齿排列稠密，长可达 2 mm，每毫米 4~6 个。菌肉分层，上层疏松，黄褐色至灰褐色，下层紧密，奶油色。不育边缘奶油色至淡黄色，宽可达 2 mm。担孢子 3~4 μm × 2~3 μm，椭圆状，无色，薄壁，光滑，非淀粉样，不嗜蓝。

分布于北京市怀柔区，腐木上。食药用性未知。

小菇科 Mycenaceae

170. 奇氏小菇

Mycena cicognanii Robich, Riv. Micol. 46 (3): 213 (2003)

菌盖直径 1~4 cm，幼时钟形，表面具沟纹或明显的褶皱，幼时颜色较深，后呈灰白色。中部色深，边缘近白色，偶尔稍开裂。菌肉半透明，薄，无明显气味。菌褶稍密，白色，不等长，直生。菌柄长 4~7 cm，直径 2~5 mm，圆柱形或扁平，幼时深灰色，成熟后呈灰色至灰白色，平滑，空心，软骨质，基部被白色毛状菌丝体。担孢子 6~10 μm × 7~8 μm，宽椭圆状，光滑，无色，淀粉样。

分布于北京市延庆区，林地上。食药用性未知。

171. 蓝小菇（盔盖小菇）

Mycena galericulata (Scop.) Gray, Nat. Arr. Brit. Pl. (London) 1: 619 (1821)

= *Agaricus galericulatus* Scop., Fl. Carniol., Edn 2 (Wien) 2: 455 (1772)

Agaricus rugosus Fr., Epicr. Syst. Mycol. (Upsaliae): 106 (1838)

Mycena nubigena (Berk.) Sacc., Syll. Fung. (Abellini) 5: 269 (1887)

Prunulus galericulatus (Scop.) Murrill, N. Amer. Fl. (New York) 9 (5): 336 (1916)

菌盖直径 2~4 cm，幼时钟形，成熟后逐渐平展，半透明状，表面具沟纹或明显的褶皱，幼时颜色较深，后呈铅灰色。菌盖中部色深，边缘近白色，偶尔稍开裂。菌肉半透明，薄，无明显气味。菌褶稍密，白色，不等长，直生至弯生，幼时稍延生，有时分叉或在菌褶之间形成横脉。菌柄长 4~7 cm，直径 2~5 mm，圆柱状或扁平状，幼时深灰色，成熟后呈灰色至灰白色，平滑，空心，软骨质，基部被白色毛状菌丝体。担孢子 9~12 μm × 7~9 μm，宽椭圆状，光滑，无色，淀粉样。

分布于北京市延庆区，林地上。具食用性。

172. 白柄小菇

Mycena niveipes (Murrill) Murrill, Mycologia 8 (4): 221 (1916)

≡ *Prunulus niveipes* Murrill (1916)

菌盖呈锥形至钟形，不完全展开，群生，直径1~3 cm，表面湿润，无毛，有条纹，呈白色带有灰黄色，边缘白色，整齐。菌褶贴生，中等宽度和间隔，白色。孢子卵状，光滑，无色透明，大小为7~9 μm×5~6 μm，菌柄圆柱状，均等，光滑，无毛，中空，雪白，基部略带白色茸毛，长3~5 cm，直径2.5 mm。

分布于北京市延庆区，林地上。食药用性未知。

173. 沟柄小菇

Mycena polygramma (Bull.) Gray, Nat. Arr. Brit. Pl. (London) 1: 619 (1821)

= *Agaricus cynophallus* Batsch, Elench. Fung. (Halle): 97, Tab. 17, Fig. 85 (1786)

Agaricus polygrammus Bull., Herb. Fr. (Paris) 9: Pl. 395 (1789)

Mycena polygramma var. *albida* Killerm., Denkschr. Bayer. Botan. Ges. in Regensb. 18: 107 (1930)

菌盖直径2~3 cm，幼时圆锥形，成熟后呈钟形或平展，中央凸起，表面平滑，灰色至灰褐色，略带灰绿色，有放射状条纹。菌肉薄，浅灰色。菌褶离生，稀疏，同菌盖色。菌柄长5~7 cm，直径2~3 mm，圆柱状，上下等粗，光滑，无色，淀粉样。颜色比菌盖色淡，有明显的纵条纹。担孢子9~12 μm×6~9 μm，宽椭圆状，光滑，无色，淀粉样。

分布于北京市怀柔区，林地上。食药用性未知。

174. 洁小菇（粉紫小菇）

Mycena pura (Pers.) P. Kumm., Führ. Pilzk. (Zerbst): 107 (1871)

= *Agaricus purus* Pers., Neues Mag. Bot. 1: 101 (1794)

Mycenula pura (Pers.) P. Karst., Meddn Soc. Fauna Flora fenn. 16: 89 (1889)

Prunulus purus (Pers.) Murrill, N. Amer. Fl. (New York) 9 (5): 332 (1916)

菌盖直径 2~4 cm，幼时半球形，后平展至边缘稍上翻，具条纹，幼时紫红色，成熟后稍淡。菌盖中部色深，边缘色淡，并开裂呈较规则的锯齿状。菌肉薄，灰紫色。菌褶较密，直生或近弯生，通常在菌褶之间形成横脉，不等长，白色至灰白色，有时呈淡紫色。菌柄长 3~6 cm，直径 3~5 mm，圆柱状或扁状，等粗或向下稍粗，与菌盖同色或稍淡，光滑，空心，软骨质，基部被白色毛状菌丝体。担孢子 6~8 μm×4~5 μm，椭圆状，光滑，无色，淀粉样。

分布于北京市怀柔区，林地上。有毒；具药用性，可抗肿瘤。

类脐菇科 Omphalotaceae

175. 栎裸柄伞（栎裸脚伞、标金钱菌）

Gymnopus dryophilus (Bull.) Murrill, N. Amer. Fl. (New York) 9 (5): 362 (1916)

≡ *Agaricus dryophilus* Bull., Herb. Fr. (Paris) 10: Pl. 434 (1790)

= *Agaricus lupuletorum* Weinm., Syll. Pl. Nov. Ratisb. 2: 88 (1828)

　Collybia dryophila (Bull.) P. Kumm., Führ. Pilzk. (Zerbst): 115 (1871)

　Collybidium dryophilum (Bull.) Murrill, Mycologia 3 (3): 101 (1911)

菌盖直径2~5 cm，幼时凸镜形，成熟后平展，赭黄色至浅褐色，中部颜色较深，表面光滑，边缘平整至近被形，水浸状。菌肉白色，伤不变色。菌褶离生，稍密，污白色至浅黄色，不等长，褶缘平滑。菌柄长3~7 cm，直径0.3~5 mm，圆柱状，脆，黄褐色。担孢子4~6 μm×2~3 μm，椭圆状，光滑，无色，非淀粉样。

分布于北京市平谷区、怀柔区，林地上。具食用性，有毒，不建议食用，易引起肠胃不适。

176. 微绒裸脚伞

Gymnopus subnudus (Ellis ex Peck) Halling, Mycotaxon 63: 365 (1997)

菌盖直径 3~5 cm，钟形至凸镜形，橙白色至淡橙色或灰色，中部具凸起，表面光滑，干燥，边缘内卷，不具有明显的条纹或沟纹。菌褶直生，较密集，每毫米 1~3 个，橙白色。菌柄长 4~7 cm，圆柱状，中生，白色带些淡橙色，表面光滑，直插入基物内。担孢子 7~9 μm × 2.5~3.5 μm，椭圆状，光滑，壁薄，担子 21~30 μm × 4.5~6.5 μm，棍棒状，具 4 个孢子小梗，拟侧丝 18~27 μm × 3~5.5 μm，棒状，褶缘囊状体 25~60 μm × 5~10 μm，棒状，顶端或具小凸起，盖皮层菌丝宽 3~5 μm，具锁状联合。

分布于北京市怀柔区，林地上。具食用性。

177. 纯白微皮伞（白微皮伞、白皮微皮伞）

Marasmiellus candidus (Fr.) Singer, Pap. Mich. Acad. Sci. 32: 129 (1948)

≡ *Marasmius candidus* Fr., Epicr. Syst. Mycol. (Upsaliae): 381 (1838)

= *Agaricus candidus* Bolton, Hist. Fung. Halifax (Huddersfield) 1: 39 (1788)

Chamaeceras candidus (Fr.) Kuntze, Revis. Gen. Pl. (Leipzig) 3 (3): 455 (1898)

菌盖宽 0.5~2 cm，扁平至钟形或凸镜形至平展，中央微凹，膜质，白色至灰白色，有茸毛，边缘有条纹或沟条纹。菌肉白色，极薄，无味道。菌褶直生至短延生，稀疏，白色，不等长，稍有分枝和横脉。菌柄长 0.3~1 cm，直径 1.5~4 mm，圆柱状，白色，下部色暗，后变暗灰褐色。担孢子 10~17 μm × 3~5 μm，长椭圆状，光滑，无色，非淀粉样。

分布于北京市昌平区，林地上。食药用性未知。

178. 斑盖红金钱菌（斑粉金钱菌、斑金钱菌）

Rhodocollybia maculata (Alb. & Schwein.) Singer, Schweiz. Z. Pilzk. 17: 71 (1939)

= *Agaricus maculatus* Alb. & Schwein., Consp. Fung. (Leipzig): 186 (1805)

Collybia maculata (Alb. & Schwein.) P. Kumm., Führ. Pilzk. (Zerbst): 117 (1871)

Marasmius maculatus (Alb. & Schwein.) P. Karst., Bidr. Känn. Finl. Nat. Folk 48: 100 (1889)

菌盖直径 2~4 cm，扁半球形至近扁平形，中部钝或凸起，表面白色或污白色，常有锈褐色斑点或斑纹，成熟后表面带黄色或褐色，平滑无毛。边缘幼时卷，无条纹。菌肉中部厚，白色。菌褶直生或离生，白色或带黄色，密，窄，不等长，褶缘锯齿状，常出现带红褐色斑痕。菌柄长4~6 cm，直径 0.4~0.8 cm，圆柱状，细长，近基部常弯曲，有时中下部膨大和基部处延伸呈根状，具纵长条纹或扭曲的纵条沟，软骨质，内部松软至空心。担孢子 6~8 μm×4~7 μm，近球状，光滑，无色，非淀粉样。

分布于北京市延庆区，林地上。具食用性。

桩菇科 Paxillaceae

179. 卷边桩菇（卷边网褶菌）

Paxillus involutus (Batsch) Fr., Epicr. Syst. Mycol. (Upsaliae): 317 (1838)

≡ *Agaricus involutus* Batsch, Elench. Fung. (Halle): 39 (1786)

= *Omphalia involuta* (Batsch) Gray, Nat. Arr. Brit. Pl. (London) 1: 611 (1821)

Paxillus leptopus Fr., Monogr. Hymenomyc. Suec. (Upsaliae) 1: 19 (1857)

菌盖直径 6~16 cm，幼时半球形至扁半球形，成熟后渐平展，中部下凹呈漏斗形，边缘内卷，黄褐色至橄榄褐色，湿时稍黏，成熟后具少量茸毛至近光滑。菌肉较厚，浅黄色。菌褶延生，较密，有横脉，不等长，靠近菌柄部分的菌褶间连接成网状，黄绿色至青褐色，受伤后变暗褐色。菌柄长 5~9 cm，直径 0.5~1.5 cm，圆柱状或基部稍膨大，偏生，实心，与菌盖同色。担孢子 6~12 μm×5~7 μm，椭圆状，光滑，锈褐色。

分布于北京市怀柔区，林地上。有毒；具药用性，可治疗腰痛、骨痛、四肢麻木，抗氧化。

隔孢伏革菌科 Peniophoraceae

180. 红隔孢伏革菌

Peniophora rufa (Fr.) Boidin, Bull. Trimest. Soc. mycol. Fr. 74 (4): 443 (1958)

≡ *Thelephora rufa* Fr., Elench. Fung. (Greifswald) 1: 187 (1828)

= *Cryptochaete rufa* (Fr.) P. Karst., Bidr. Känn. Finl. Nat. Folk 48: 408 (1889)

Stereum rufum (Fr.) Fr., Epicr. Syst. Mycol. (Upsaliae): 553 (1838)

Xerocarpus rufus (Fr.) P. Karst., Bidr. Känn. Finl. Nat. Folk 37: 135 (1882)

菌体贴生，紧密贴附，通常不融合，直径 3~10 mm，厚约 2 mm，子实层呈不规则疣突，红色至红褐色，成熟时带有白色粉末状物质，质地坚实，干燥时硬实。菌丝系统单孢性，所有菌丝均具锁状联合，密集分枝和交织，接近基质的菌丝直径 3~4 µm，褐色，子实体主体部分的菌丝无色透明，直径 5~8 µm，表面常有颗粒状结晶层，子实层菌丝直径为 2~3 µm，壁薄，不膨胀。担子柱状，40~50 µm × 5~6 µm，具 4 个担子小梗，基部锁状联合，孢子近椭圆状，7~9 µm × 2~3 µm。

分布于北京市怀柔区，腐木上。食药用性未知。

鬼笔科 Phallaceae

181. 红星头鬼笔属拟似新种

Aseroe sp.

子实体成熟时高 5~15 cm，直径 1~3 cm，幼时卵形，成熟后笔形。托臂 4~6 条，红色至粉红色，近顶生。顶端不育，红色，幼时连生，成熟后分开。菌柄长 3~10 cm，直径 1~2 cm，具有 4~6 条纵向棱脊，淡红色至红色。菌托直径 1~3 cm，近球状，外表白色至污白色。担孢子 4~5 μm × 1~2 μm，长椭圆状至杆状。

分布于北京市昌平区，林地上。食药用性未知。

182. 五棱散尾鬼笔

Lysurus mokusin (L. f.) Fr., Syst. Mycol. (Lundae) 2 (2): 288 (1823)

≡ *Phallus mokusin* L. f., Suppl. Pl.: 514 (1781)

= *Clathrus mokusin* (L. f.) Spreng., Syst. Veg., Edn 164 (1): 499 (1827)

Lloydia quadrangularis C.H. Chow [as'quadangularis'], Bull. Fan. Memor. Instit. Biol., Bot. 6: 27 (1935)

Lysurus brevipes Lloyd, Mycol. Writ. (Cincinnati) (25): 4 (1909)

Lysurus sinensis Lloyd, Mycol. Writ. (Cincinnati) 5 (51): 718 (1917)

子实体成熟时高 10~13 cm，直径 1~3 cm，幼时卵形，笔形。托臂 4~7 条，红色至粉红色，近顶生。顶端不育，粉红色，幼时连生，成熟后分开。孢体黏液橄榄褐色，生于托臂内侧。菌柄长 7~10 cm，直径 1~2 cm，具有 4~7 条纵向棱脊，粉红色至红色。菌托直径 1.5~2.5 cm、近球状，外表白色至污白色。担孢子 4~5 μm×1~2 μm，长椭圆状至杆状。

分布于北京市密云区，林地上。有毒；具药用性，可抗肿瘤。

183. 狗蛇头菌

Mutinus caninus (Schaeff.) Fr., Summa Veg. Scand., Sectio Post. (Stockholm): 434 (1849)

≡ *Phallus caninus* Schaeff., Fung. Bavar. Palat. Nasc. (Ratisbonae) 4: 135, Tab.330 (1774)

= *Aedycia canina* (Huds.) Kuntze, Revis. Gen. Pl. (Leipzig) 3 (3): 441 (1898)

Phallus caninus Huds., Fl. Angl., Edn 2: 630 (1778)

Phallus inodorus Sowerby, Col. Fig. Engl. Fung. Mushr. (London) 3 (23): Tab. 330 (1801)

子实体高 6~8 cm，菌盖鲜红色，与菌柄无明显界限，圆锥形，顶端具小孔，长 1~2 cm，近平滑或有疣状凸起，具暗绿色黏稠并有腥臭气味的孢液。菌柄上部橙红色，向下部渐变为白色。菌托高 1.5~3.5 cm，直径 0.5~1.2 cm，卵圆状至近椭圆状，白色。担孢子 3~6 μm×1~2 μm，长椭圆状，无色。

分布于北京市顺义区，林地上。有毒。

184. 细皱鬼笔（红鬼笔）

Phallus rugulosus (E. Fisch.) Lloyd, Mycol. Writ. (Cincinnati) 2 (31): 402 (1908)

≡ *Ithyphallus rugulosu*s E. Fisch., Ann. Jard. Bot. Buitenzorg 6: 35 (1887)

　　未成熟子实体卵圆形或蛋形，白色或灰白色，基部具白色或灰白色根状菌索。成熟后菌蕾顶部破裂，孢托组织由假柄支撑伸出，总高 6~12 cm，直径 1~2 cm。孢托钟状或圆锥状，红色，高 1~3 cm，直径 1~2 cm，顶部有 1 个小孔，表面被有橄榄色孢子黏液。假柄圆柱状，海绵质，长 4~9 cm，直径 1~2 cm，上部浅红色，向下渐变成白色或灰白色，表面有蜂窝状小孔。菌托包状或袋状。气味恶臭。担孢子椭圆状，无色，3.5~4.5 μm × 1.5~2.0 μm。

　　分布于北京市延庆区，林地上。食药用性未知。

185. 球盖柄笼头菌

Simblum sphaerocephalum Schltdl., Linnaea 31: 154 (1862)

未成熟子实体菌蕾幼时直径 2~3 cm，卵形，基部有白色根状菌索，成熟后外菌幕破裂形成菌托，内部伸出孢托。孢托头部橙红色至深红色，近球形，窗格状，约有 12 个格，直径 4~10 mm，格内生有红褐色黏液，具有强烈粪臭味。菌柄长 3~8 cm，直径 1~2 cm，粉红色至黄白色，空心，顶端开裂，缩小，基部稍尖，壁呈海绵状。菌托白色，不规则开裂。担孢子 4.5~5 μm × 2~3 μm，椭圆状，光滑，无色。

分布于北京市顺义区，林地上。食药用性未知。

拟侧耳科 Phyllotopsidaceae

186. 黄毛拟侧耳

Phyllotopsis nidulans (Pers.) Singer, Revue Mycol., Paris 1 (2): 76 (1936)

= *Agaricus nidulans* Pers., Icon. Desc. Fung. Min. Cognit. (Leipzig) 1: 19 (1798)

Claudopus nidulans (Pers.) Peck, Rep. (Annual) Trustees State Mus. Nat. Hist., New York 39: 67 (1887)

Pleurotus nidulans (Pers.) P. Kumm., Führ. Pilzk. (Zerbst): 105 (1871)

子实体群生、丛生或覆瓦状平伏。菌盖 1~2 cm×0.2~1 cm，扁半球形或扇形、肾形，自基部辐射状发生，展开后下凹呈漏斗形，盖面黄褐色，有粗茸毛，盖缘波浪状，常内卷，通常有褐色鳞片。菌肉薄，半肉质，干后 1~2 mm，革质，白色至浅黄色。菌柄无或在菌盖基部有短缩柄状物。菌褶延生或直生，黄褐色。孢子印黄褐色。担孢子 5~6.5 μm×2~3 μm，表面光滑，薄壁，圆柱状至长椭圆状，内有较多内含物，非淀粉样。担子 18~20 μm×2.5~4.5 μm，棍棒状或长筒状，薄壁，非淀粉样，具 4 个孢子小梗，小梗长 3~5 μm。

分布于北京市怀柔区，腐木上。具食用性。

泡头菌科 Physalacriaceae

187. 北方蜜环菌

Armillaria borealis Marxm. & Korhonen, in Marxmüller, Bull. Trimest. Soc. mycol. Fr. 98 (1): 122 (1982)

菌盖直径为 2~5 cm，基本呈圆锥形，中心钝圆，然后变为凸圆锥形、平圆锥形至扁平形，边缘内卷，成熟后变直，成熟时内翻、翘起并呈波状，肉色至红褐色，通常向边缘逐渐变浅。幼时整个菌盖被鳞片覆盖，中心处鳞片排列密集，向边缘逐渐稀疏，边缘几乎没有，褐色，向边缘逐渐变浅。菌褶下延，白色至奶油色。菌柄长 4~10 cm，直径 0.5~1 cm，圆柱状，基部棍棒状，菌环上方白色至肉色，下方灰褐色。孢子 5~8 μm × 4.5~7 μm，宽椭圆状至近球状。

分布于北京市延庆区，林地上。具食药用性。

188. 黄小蜜环菌

Armillaria cepistipes Velen., České Houby (Praze) 2: 283 (1920)

菌盖直径为 4~6 cm，基本呈圆锥形，中心钝圆，成熟变为凸圆锥形、平圆锥形至扁平形，边缘内卷，成熟变直，成熟时内翻、翘起并呈波状，黄褐色至红褐色，通常向边缘逐渐变浅。幼时整个菌盖被鳞片覆盖，中心的鳞片很密集，边缘逐渐稀疏，棕色，向边缘逐渐变浅。菌褶下延，白色至奶油色，后褐色至带红褐色，与边缘同色，成熟时有时呈红褐色。菌柄长 6~8 cm，直径 0.7~1.2 cm，圆柱状，基部棍棒状，菌环上方白色至肉色，下方灰褐色。孢子 7.0~10 μm × 4.5~7.0 μm，宽椭圆状至近球状。担子 25~45 μm × 8~11 μm，具 4 个担子小梗，具锁状联合。

分布于河北省兴隆县，林地上。食药用性未知。

189. 高卢蜜环菌

Armillaria gallica Marxm. & Romagn., in Boidin, Gilles & Lanquetin, Bull. Trimest. Soc. Mycol. Fr. 103 (2): 152 (1987)

菌盖 2~10 cm，锥形至凸形再到平展。潮湿时，菌盖呈棕黄色至棕色，中心颜色较深，干燥时会稍褪色，菌盖表面覆盖有细纤毛。菌褶幼时呈白色，成熟后逐渐变为奶油色或浅橙色，并覆盖锈色斑点。菌柄长 4~10 cm，直径 1~3 cm。菌环上方白色至肉色，下方灰棕色。孢子为椭球状，通常含有油滴，6~9 μm×5~6 μm，具锁状联合。

分布于北京市延庆区，林地上。具食药用性。

190. 干草冬菇

Flammulina fennae Bas, Persoonia 12 (1): 52 (1983)

菌盖直径 1.0~2.5 cm，凸镜形至平展形，肉质，中央浅褐色，近边缘白色，黏，光滑无毛，边缘内卷。菌肉白带黄色，薄。菌褶白带黄色，盖缘处每厘米 13~14 片，不等长，直生，褶缘平滑至波状。菌柄中生，长 2~7 cm，近柄顶直径 1~2 mm，圆柱状，空心，白色，被粉末状颗粒或纤毛。孢子椭圆状，6.0~8.5 μm×3.5~4.5 μm，光滑，无色至微黄色，非淀粉样。担子棒状，24~26 μm×6.2~6.6 μm，具 4 个孢子小梗。

分布于北京市延庆区，林地上。具食用性。

191. 金针菇

Flammulina filiformis (Z.W. Ge, X. B. Liu & Zhu L. Yang) P. M. Wang, Y. C. Dai, E. Horak & Zhu L. Yang, Mycol. Progr. 17 (9): 1021 (2018)

子实体中型，菌盖直径 1~3 cm，呈球形或扁半球形，菌盖黄褐色，菌肉白色，中央厚，边缘薄，菌褶白色或象牙色，较稀疏，长短不一，与菌柄离生。菌柄中生，中空圆柱状，稍弯曲，长 3.5~5 cm，直径 0.3~1.5 cm，菌柄基部相连，上部呈肉质，下部呈革质，表面密生黑褐色短茸毛，孢子印白色。孢子无色，圆柱状。

分布于北京市延庆区，林地上。具食药用性，可降血压、降低胆固醇、抗肿瘤。

侧耳科 Pleurotaceae

192. 肺形侧耳（凤尾菇、凤尾侧耳、肺形平菇、秀珍菇、印度鲍鱼菇）

Pleurotus pulmonarius (Fr.) Quél., Mém. Soc. Émul. Montbéliard, Sér. 25: 11 (1872)

≡ *Agaricus pulmonarius* Fr., Syst. Mycol. (Lundae) 1: 187 (1821)

= *Dendrosarcus pulmonarius* (Fr.) Kuntze, Revis. Gen. Pl. (Leipzig) 3 (3): 464 (1898)

Pleurotus araucariicola Singer, Lilloa 26: 141 (1954)

菌盖直径 1~3 cm，半圆形、扇形、肾形、贝壳形或圆形，幼时盖缘内卷，成熟后渐平展，中部稍凹陷或呈微漏斗形，盖缘成熟时开裂成瓣状，灰白色或黄褐色，表面平滑。菌肉肉质，较硬，白色至乳白色。菌褶短延生至菌柄顶端，在菌柄处交织，中等密度或稍密，不等长。菌柄无或有，若有菌柄则长 0.5~1.5 cm，直径 0.5~1.2 cm，偏生或侧生，实心，基部被茸毛。担孢子 7.5~10 μm×3~5 μm，长椭圆状、圆柱状或椭圆状，具明显的尖凸，光滑，无色，非淀粉样。

分布于北京市密云区，腐木上。可食药用性，可抗肿瘤、调节免疫。

193. 美味侧耳

Pleurotus sapidus Quél., C. R. Assoc. Franç. Avancem. Sci. 11: 390 (1883)

菌盖直径 0.5~2.5 cm，呈覆瓦状、半圆扇形，幼时盖缘内卷，成熟后渐平展，中部稍凹陷或呈微漏斗形，灰白色至黄褐色，菌柄长 0.5~2.5 cm，直径 0.3~0.6 cm，偏生或侧生。菌褶短延生至菌柄顶端，较密，不等长，白色至奶白色。菌肉白色，肥厚，鲜嫩。

分布于北京市密云区，腐木上。可食药用性，可抗氧化。

光柄菇科 Pluteaceae

194. 罗梅尔光柄菇

Pluteus romellii (Britzelm.) Lapl., Dict. Iconogr. Champ. Sup. (Paris): 533 (1894)

= *Agaricus romellii* Britzelm., Hymenomyc. Südbayern 8: 5 (1891)

Agaricus nanus var. *lutescens* Fr., Epicr. Syst. Mycol. (Upsaliae): 141 (1838)

Pluteus lutescens (Fr.) Bres., Icon. Mycol. (Paris) 11: 544 (1929)

Pluteus splendidus A. Pearson, Trans. Br. Mycol. Soc. 35 (2): 110 (1952)

菌盖直径 0.8~1.2 cm，黄色底色上带深褐色，圆形，中心光滑。新鲜时菌肉呈黄色，中心较薄，向边缘逐渐变薄。边缘直，带有锯齿状。菌盖表皮光滑。菌柄长 1~2 cm，直径 0.3 cm，圆柱状，中生，中空，呈纤维状，淡黄色。菌褶不均匀，密，黄色。菌褶边缘光滑且白色。担子呈短棍状或圆柱状，具 4 个担子小梗。担孢子无色，光滑，壁较厚，亚球状或球状。

分布于北京市延庆区，腐木上。食药用性未知。

195. 变色光柄菇

Pluteus variabilicolor Babos, Annls Hist.-Nat. Mus. Natn. Hung. 70: 93 (1978)

子实体中型，直径 2.5~3.5 cm，光滑，中央呈明显黄橙色。菌褶离生，密集。菌柄长 5~7 cm，直径 0.5~1 cm，圆柱状，基部略微增大，纤维状，黄色，成熟子实体底部带有红色。菌肉白黄色，菌盖下表面为黄橙色，无明显气味和味道。孢子印呈粉红色。担孢子 5.5~7.0 μm×4.5~6.0 μm，宽椭圆状至亚球状，薄壁。担子 25~32 μm×6~8 μm，短棍状，具 4 个孢子小梗。

分布于北京市密云区，林地上。食药用性未知。

多孔菌科 Polyporaceae

196. 粗糙拟迷孔菌（茶色拟迷孔菌）

Daedaleopsis confragosa (Bolton) J. Schröt., in Cohn, Krypt.-Fl. Schlesien (Breslau) 3.1 (25–32): 492 (1888)

= *Boletus confragosus* Bolton, Hist. Fung. Halifax, App. (Huddersfield) 3: 160 (1792)

Boletus angustatus Sowerby, Col. Fig. Engl. Fung. Mushr. (London) 2 (16): Tab. 193 (1799)

Daedalea angustata (Sowerby) Fr., Syst. Mycol. (Lundae) 1: 338 (1821)

Daedalea confragosa (Bolton) Pers., Syn. Meth. Fung. (Göttingen) 2: 501 (1801)

Trametes confragosa (Bolton) Jørst., Atlas Champ. l'Europe, Ⅲ, Polyporaceae (Praha) 1: 286 (1939)

子实体中至大型，无菌柄。菌盖长 7~22 cm，宽 4~10 cm，厚 1.5~5 cm，半圆形、扇形或肾形，叠生，边缘薄，污白色或黄褐色具心环棱有红褐色同心环纹。菌肉白色至带粉色，管孔长 5~15 mm，近黄褐色。担子棒状，1.5 mm，具 4 个小梗，管口稍大，浅白至粉红或带暗色。孢子无色，柱状，8~11 μm × 2~13 μm。

分布于北京市延庆区，腐木上。具药用性。

197. 三色拟迷孔菌

Daedaleopsis tricolor (Bull.) Bondartsev & Singern, Annls Mycol. 39 (1): 64 (1941)

= *Agaricus tricolor* Bull., Hist. Champ. Fr. (Paris) 2 (1): 380 (1792)

Cellularia tricolor (Bull.) Kuntze, Revis. Gen. Pl. (Leipzig) 3 (3): 452 (1898)

Daedalea tricolor (Bull.) Fr., Syst. Mycol. (Lundae) 3 (1): 12 (1828)

Lenzites tricolor (Bull.) Fr., Epicr. Syst. Mycol. (Upsaliae): 406 (1838)

Trametes tricolor (Bull.) Lloyd, Mycol. Writ. (Cincinnati) 6 (64): 998 (1920)

子实体中型，一年生，无菌柄。菌盖直径 1~8 cm，厚 2~10 cm，基部狭小，扁平，有时左右相连，朽叶色至肝紫色，渐退至浅茶褐色或肉桂色，甚至变为灰白色，革质至木栓质，幼时有细茸毛，成熟后变光滑，有环带和辐射状皱纹，边缘薄锐，波浪状。菌肉淡色，厚 1~2 mm。孢子无色，平滑，长圆柱状，5~8 μm × 2~3 μm。

分布于北京市延庆区，腐木上。具药用性。

198. 木蹄层孔菌

Fomes fomentarius (L.) Fr., Summa Veg. Scand., Sectio Post. (Stockholm): 321 (1849)

= *Agaricus fomentarius* (L.) Lam., Encycl. Méth. Bot. (Paris) 1 (1): 50 (1783)

Boletus fomentarius L., Sp. Pl. 2: 1176 (1753)

Fomes excavatus (Berk.) Sacc., Syll. Fung. (Abellini) 6: 180 (1888)

Polyporus inzengae Ces. & De Not., Erb. Critt. Ital., Sér. 1, Fasc.: 636 (1861)

子实体大型。菌盖直径 10~50 cm，厚 5~20 cm，马蹄形，多呈灰色、灰褐色或浅褐色至黑色，有 1 层厚角质皮壳及明显环带和环棱，无柄，边缘钝。菌管锈褐色，多层，管层明显，每层厚 3~5 mm。菌肉锈褐色，软木栓质，厚 0.5~5 cm，管口每毫米 3~4 个，圆形，灰色至浅褐色。孢子无色，光滑，长椭圆状，14~18 μm×5~8 μm。

分布于北京市怀柔区，腐木上。具药用性。

199. 硬毛粗盖孔菌

Funalia trogii (Berk.) Bondartsev & Singer, Annls mycol. 39 (1): 62 (1941)

子实体一年生，无柄盖形，有时基部膨胀形成类似短柄的结构，单生或覆瓦状叠生，新鲜时革质，干后木栓质。菌盖半圆形至扇形，长 3~10 cm，宽 1~3 cm，中部厚 1 cm。菌盖表面新鲜时棕褐色、深褐色至赭色，后呈灰褐色，粗糙。孔口表面幼时奶油色至淡黄色，成熟后变为灰褐色，圆形，每毫米 3~7 个。担孢子圆柱状，无色，薄壁，光滑，有时含有 1 至数个小内含物，5~10 μm×2~4 μm。

分布于北京市昌平区，腐木上。食药用性未知。

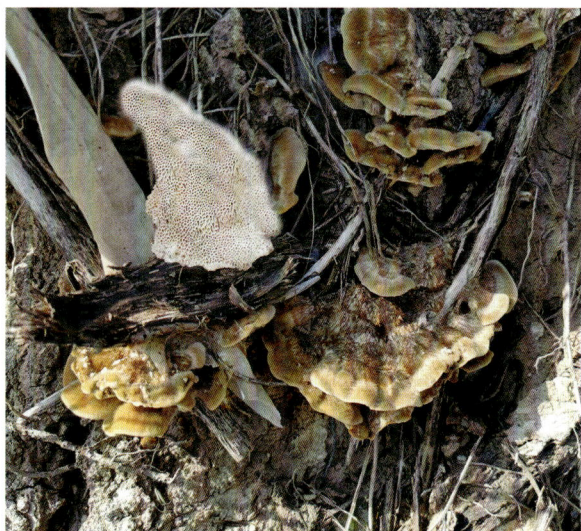

200. 桦革裥菌

Lenzites betulinus (L.) Fr., Epicr. Syst. Mycol. (Upsaliae): 405 (1838)

≡ *Agaricus betulinus* L., Sp. Pl. 2: 1176 (1753)

= *Agaricus hirsutus* Schaeff., Fung. Bavar. Palat. Nasc. (Ratisbonae) 4: 33 (1774)

Cellularia betulina (L.) Kuntze, Revis. Gen. Pl. (Leipzig) 3 (3): 451 (1898)

Chamaeceras fuscatus (Lév.) Kuntze, Revis. Gen. Pl. (Leipzig) 3 (3): 456 (1898)

Lenzites cinnamomeus Fr., Nova Acta R. Soc. Scient. Upsal., Sér. 31 (1): 45 (1851)

Trametes betulina (L.) Pilát, in Kavina & Pilát, Atlas Champ. l'Europe, Ⅲ, Polyporaceae (Praha) 1: 262 (1939)

子实体小至中型，一年生，革质或硬革质。菌盖直径 2.5~10 cm，厚 0.5~1.5 cm，半圆形或近扇形，有细茸毛，幼时浅褐色，有密的环纹和环带，后呈黄褐色、深褐色或棕褐色，甚至深肉桂色，成熟后呈灰白色至灰褐色。菌肉白色或近白色，后呈浅黄色至土黄色，厚 0.5~1.5 mm。菌褶幼时近白色，成熟后土黄色，宽 3~11 mm，少分叉，干后呈波状弯曲，褶缘完整或近齿状。无菌柄。孢子无色，平滑，近球状至椭圆状，4~6 μm × 2~3.5 μm。

分布于北京市怀柔区，腐木上。具药用性。

201. 变形多孔菌

Polyporus varius (Pers.) Fr., Syst. Mycol. (Lundae) 1: 352 (1821)

子实体中至大型。菌盖直径 5~12 cm，厚 0.3~1 cm，肾形或近扇形，稍平展且靠近基部下凹，浅褐黄色至栗褐色，表面近平滑，边缘薄，呈波浪状或裂形瓣状。菌肉白色或污白色，稍厚。菌柄长 0.7~4 cm，直径 0.3~1 cm，黑色，侧生或偏生，有微细茸毛，后变光滑。菌管长 2~3 mm，与管面同色，后期呈浅粉灰色，管口圆形至多角形，每毫米 3~5 个。担子棒状，具 4 个孢子小梗，15~25 μm×5~8 μm。孢子无色，光滑，长椭圆状，8.5~11 μm×3.5~4 μm。

分布于北京市延庆区，腐木上。具药用性。

202. 雪白干皮孔菌

Skeletocutis nivea(Jungh.)Jean Keller, Persoonia 10 (3): 353 (1979)

≡ *Polyporus niveus* Jungh., Verh. Batav. Genootsch. Kunst. Wet. 17 (2): 48 (1839)

= *Incrustoporia nivea* (Jungh.) Ryvarden, Norw. Jl Bot. 19: 232 (1972)

　Microporus niveus (Jungh.) Kuntze, Revis. Gen. Pl. (Leipzig) 3 (3): 496 (1898)

　Trametes nivea (Jungh.) Corner, Beih. Nova Hedwigia 97: 40 (1989)

子实体多年生，新鲜时硬木栓质，干燥时木质坚硬，直径 3~10 cm，厚 0.8 cm，茸毛表面新鲜时白色，干燥时污白色，具有不明显带状，边缘无光泽。菌管薄壁，较少分枝，通常被细小且尖锐的结晶覆盖，直径 1.5~2.5 μm，不分枝。孢子囊状，透明，薄壁，光滑，2~4 μm×0.5~0.8 μm。

分布于北京市延庆区，腐木上。食药用性未知。

203. 毛状栓菌

Trametes apiaria (Pers.) Zmitr., Wasser & Ezhov, International Journal of Medicinal Mushrooms (Redding) 14 (3): 317 (2012)

= *Hexagonia apiaria* (Pers.) Fr., Epicr. Syst. Mycol. (Upsaliae): 497 (1838)

Polyporus apiarius Pers., in Gaudichaud-Beaupré in Freycinet, Voy. Uranie., Bot. (Paris) 4: 169 (1827)

Scenidium apiarium (Pers.) Kuntze, Revis. Gen. Pl. (Leipzig) 3 (3): 516 (1898) Scenidium apiarium (Pers.) Kuntze, Revis. Gen. Pl. (Leipzig) 3 (3): 516 (1898)

菌盖直径 3~10 cm，厚 1~2 cm，半圆形，垫形或覆瓦形，白色至浅灰色或浅黄白色，新鲜时软木栓质，干时坚硬，无菌柄，有明显同心环带和轮纹，被细茸毛，后变近光滑，边缘钝。菌肉白色或稍带黄色，厚 1~2 cm，菌管 1 层，长 3~8 mm，同菌肉色，管口白色或灰色，每毫米 1~3 个，通常为 2 个。孢子无色，透明，平滑，椭圆状至短圆柱状，6~9 μm×3~5 μm。

分布于北京市昌平区，腐木上。食药用性未知。

204. 深红栓菌

Trametes coccinea (Fr.) Hai J. Li & S.H. He, Mycosystema 33 (5): 972 (2014)

菌盖直径 2~14 cm，厚 1~2 cm，半圆形、垫形或肾形，橘黄色至红色，新鲜时软木栓质，干时坚硬，无菌柄，无明显同心环带和轮纹，被细茸毛，边缘钝且色浅。菌肉橘黄色或稍带黄色，厚 1~2 cm，菌管 1 层，长 3~5 mm，同菌与菌肉同色，管口橘黄色，每毫米 1~4 个。孢子无色，透明，平滑，长椭圆状至圆柱状，5~9 μm×2~5 μm。

分布于北京市怀柔区，腐木上。食药用性未知。

205. 硬毛栓菌

Trametes hirsuta (Wulfen) Lloyd, Mycol. Writ. (Cincinnati) 7 (73): 1319 (1924)

≡ *Boletus hirsutus* Wulfen, in Jacquin, Collnea Bot. 2: 149 (1791)

= *Bjerkandera hirsuta* (Wulfen) Thüm., Bull. Soc. Imp. Nat. Moscou 56 (2): 116 (1882)

 Coriolus hirsutus (Wulfen) Pat., Cat. Rais. Pl. Cellul. Tunisie (Paris): 47 (1897)

 Coriolus vellereus (Berk.) Pat., Bull. Mus. Natn. Hist. Nat., Paris 27: 376 (1921)

 Hansenia vellerea (Berk.) P. Karst., Meddn Soc. Fauna Flora Fenn. 5: 40 (1879)

 Polyporus cinereus Lév., Annls Sci. Nat., Bot., Sér. 35: 140 (1846)

 Trametes porioides Lázaro Ibiza, Revta R. Acad. Cienc. Exact. Fis. Nat. Madr. 15 (7): 372 (1917)

菌盖直径 2~10 cm，厚 0.4~1 cm，半圆形至扇形，覆瓦状，通常侧面相连，近白色至灰白色，无菌柄，软木栓质，边肉白色，管口多角形，白色，每毫米 3~4 个，缘薄或厚，常内卷，有茸毛和明显环带。孢子无色，光滑，近圆柱状，4~9 μm×2~3 μm。

分布于北京市昌平区，阔叶林腐木上覆瓦状群生。食药用性未知。

206. 灰白栓菌

Trametes incana Lév., Annls Sci. Nat., Bot., Sér. 32: 196 (1844)

菌盖 3~8 cm，厚 1~2 cm，半圆形或垫形，白色至浅灰色，新鲜时软木栓质，干时坚硬，无菌柄，无明显同心环带和轮纹，被细茸毛，后变近光滑，边缘钝，色浅。菌肉白色或稍带黄色，厚 1~2 cm，菌管 1 层，长 3~6 mm，与菌肉同色，管口白色或灰色，每毫米 2~4 个。孢子无色，透明，平滑，长椭圆状至短圆柱状。

分布于北京市昌平区，腐木上。食药用性未知。

207. 柔毛栓菌

Trametes pubescens (Schum.Fr) Pat., in Kavina & Pilát, Atlas Champ. l'Europe, Ⅲ, Polyporaceae (Praha) 1: 268 (1939)

= *Bjerkandera pubescens* (Schumach.) P. Karst., Bidr. Känn. Finl. Nat. Folk 37: 41 (1882)

Boletus pubescens Schumach., Enum. Pl. (Kjbenhavn) 2: 384 (1803)

Coriolus velutinus (Pers.) Quél., Enchir. Fung. (Paris): 175 (1886)

Hansenia imitata P. Karst., Meddn Soc. Fauna Flora Fenn. 13: 161 (1886)

Microporus imitatus (P. Karst.) Kuntze, Revis. Gen. Pl. (Leipzig) 3 (3): 496 (1898)

Polyporus molliusculus Berk., London J. Bot. 6: 320 (1847)

Polyporus sullivantii Mont., Annls Sci. Nat., Bot., Sér. 218: 243 (1842)

子实体中型。菌盖直径 2~8 cm，厚 0.4~0.9 cm，半圆形至扇形，覆瓦状，通常侧面相连，近白色、灰白至浅黄色，无菌柄，软木栓质，边肉白色，管口多角形，白色，每毫米 3~4 个，缘薄或厚，常内卷，有茸毛和不明显环带。孢子无色，光滑，近圆柱状，5~9 μm × 2~3 μm。

分布于北京市延庆区，腐木上。食药用性未知。

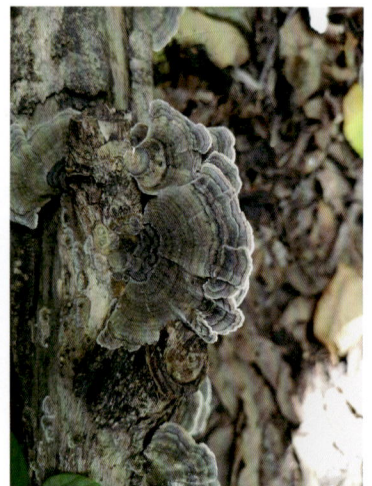

208. 血红栓菌

Trametes sanguinea (Klotzsch) Pat., Ann. Jard. Bot. Buitenzorg, Suppl. 1: 110 (1897)

子实体小至中型，直径 3~10 cm，厚 6 mm，幼时血红色，成熟后退至苍白色，通常呈现出深淡相间的环纹或环带，木栓质，无菌柄或近无菌柄，表面平滑或稍有细毛。菌管与菌肉同色，长 1~2 mm，管口暗红色，通常具有闪光感，细小，圆形，每毫米 5~8 个。孢子无色，平滑、稍弯曲，长椭圆状，7~8 μm × 2.5~3 μm。

分布于北京市延庆区，腐木上。具药用性。

209. 膨大栓菌

Trametes strumosa (Fr.) Zmitr., Wasser & Ezhov, International Journal of Medicinal Mushrooms (Redding) 14 (3): 318 (2012)

= *Coltricia acupunctata* (Berk.) G. Cunn., Proc. Linn. Soc. N. S. W. 75 (3-4): 216 (1950)

Coriolopsis strumosa (Fr.) Ryvarden, Kew Bull. 31 (1): 95 (1976)

Inoderma latum P. Karst., Meddn Soc. Fauna Flora Fenn. 5: 39 (1879)

Microporus latus (P. Karst.) Kuntze, Revis. Gen. Pl. (Leipzig) 3 (3): 496 (1898)

Polyporus aratus Berk., J. Linn. Soc., Bot. 16 (89): 53 (1878)

Polystictus latus Fr., Nova Acta R. Soc. Scient. Upsal., Sér. 31 (1): 79 (1851)

Trametes acupunctata Berk., J. Linn. Soc., Bot. 13: 164 (1872)

菌盖直径 3~8 cm，厚 1~2 cm，半圆形或垫形，浅灰色至咖啡色，新鲜时软木栓质，干时坚硬，无菌柄，有明显同心环带和轮纹，光滑，边缘钝呈现白色。菌肉白色或稍带黄色，厚 1~2 cm，菌管 1 层，长 3~8 mm，与菌肉同色，管口白色或灰色，每毫米 3~4 个。孢子无色，透明，平滑，椭圆状或圆柱状。

分布于北京市昌平区，腐木上。食药用性未知。

210. 香栓孔菌

Trametes suaveolens (L.) Fr., Epicr. Syst. Mycol. (Upsaliae): 491 (1838)

≡ *Boletus suaveolens* L., Sp. Pl. 2: 1177 (1753)

= Agarico-pulpa suaveolens (L.) Paulet, Traité Champ. (Paris) 2: 106 (1793)

Daedalea bulliardii Fr., Syst. Mycol. (Lundae) 1: 335 (1821)

Haploporus suaveolens (L.) Donk, Proc. K. Ned. Akad. Wet., Sér. C, Biol. Med. Sci. 74 (1): 20 (1971)

Trametes bulliardii (Fr.) Fr., Epicr. Syst. Mycol. (Upsaliae): 491 (1838)

Trametes inodora Fr., Epicr. Syst. Mycol. (Upsaliae): 491 (1838)

子实体中至大型。菌盖直径 3~9 cm，厚 1~3.5 cm，半圆形，垫形，白色至浅灰色或浅黄白色、浅黄色，新鲜时软木栓质，干时坚硬，无菌柄，无或有明显同心环带和轮纹，被细茸毛，后变近光滑，边缘钝或稍薄。菌肉白色或稍带黄色，厚 1~2 cm，菌管一层，长 3~10 mm，与菌肉同色，管口白色或灰色，圆形至近多角形，每毫米 1~3 个，通常为 2 个。孢子无色，透明，平滑，长椭圆状短圆柱形，8~11.5 μm × 3.5~4.5 μm。

分布于北京市延庆区，腐木上。具药用性。

211. 变色栓菌

Trametes versicolor (L.) Lloyd, Mycol. Writ. (Cincinnati) 6 (65): 1045 (1921)

= *Agaricus versicolor* (L.) Lam., Encycl. Méth. Bot. (Paris) 1 (1): 50 (1783)

Bjerkandera versicolor (L.) P. Karst., Acta Soc. Fauna Flora Fenn. 2 (1): 30 (1881)

Coriolus versicolor (L.) Quél., Enchir. Fung. (Paris): 175 (1886)

Hansenia versicolor (L.) P. Karst., Meddn Soc. Fauna Flora Fenn. 5: 40 (1879)

Polyporus argyraceus Pers., Mycol. Eur. (Erlanga) 2: 73 (1825)

Polyporus fuscatus Fr., Observ. Mycol. (Havniae) 2: 259 (1818)

菌盖直径 2~3 cm，厚 1~2 cm，半圆形，垫形，浅灰色至咖啡色，新鲜时软木栓质，干时坚硬，无菌柄，有明显同心环带纹和轮纹，光滑，边缘钝呈现白色。菌肉白色或稍带黄色，厚 1~2 cm，菌管 1 层，长 3~8 mm，与菌肉同色，管口白色或灰色，每毫米 2~4 个。孢子无色，透明，平滑，椭圆状或圆柱状，7~10 μm × 3~4 μm。

分布于北京市延庆区，腐木上。食药用性未知。

212. 冷杉附毛菌

Trichaptum abietinum (Pers. ex J. F. Gmel.) Ryvarden, Norw. Jl Bot. 19: 237 (1972)

= *Boletus abietinus* Pers. ex J. F. Gmel., Syst. Nat., Edn 132 (2): 1437 (1792)

Bjerkandera abietina (Pers. ex J. F. Gmel.) P. Karst., Acta Soc. Fauna Flora Fenn. 2 (1): 30 (1881)

Coriolus abietinus (Pers. ex J. F. Gmel.) Quél., Enchir. Fung. (Paris): 175 (1886)

Hydnum parasiticum Pers., Icon. Desc. Fung. Min. Cognit. (Leipzig) 2: 55 (1800)

Polyporus dentiporus Pers., Mycol. Eur. (Erlanga) 2: 104 (1825)

Polystictus parvulus (Schwein.) Cooke, Grevillea 14 (71): 77 (1886)

Poria dentipora (Pers.) Cooke, Grevillea 14 (72): 112 (1886)

菌盖呈半圆形至扇形，直径 1~4 cm，薄，干燥，有茸毛，具有同心纹理和颜色区域，灰色，新鲜时边缘区域呈紫色，菌孔新鲜时呈紫色，尤其是靠近边缘的部分，随着时间推移褪色，呈淡紫色或褐色，每毫米有 2~3 个。菌肉带白色，坚韧，革质。孢子 6~8 μm×2~3 μm，光滑，圆筒状到稍扁囊状，无淀粉样。

分布于北京市昌平区，腐木上。食药用性未知。

小脆柄菇科 Psathyrellaceae

213. 黄白脆柄菇

Candolleomyces candolleanus (Fr.) D. Wächt. & A. Melzer, Mycol. Progr. 19 (11): 1233 (2020)

≡ *Psathyrella candolleana* (Fr.) Maire, Bull. Soc. Mycol. Fr. 29: 185 (1913)

= *Agaricus appendiculatus* Bull., Herb. Fr. (Paris) 9: Pl. 392 (1789)

Agaricus candolleanus Fr., Observ. Mycol. (Havniae) 2: 182 (1818)

Agaricus felinus Pass., Nuovo G. Bot. Ital. 4: 82 (1872)

Hypholoma catarius (Fr.) Massee, Brit. Fung.-Fl. (London) 1: 393 (1892)

菌盖直径 2~5 cm，幼时圆锥形，渐变为钟形，成熟后平展，幼时边缘悬挂花边状菌幕残片，黄白色、浅黄色至浅褐色，具透明状条纹，成熟后边缘开裂，水浸状。菌肉薄，污白色至灰棕色。菌褶密，直生，浅褐色至深紫褐色，边缘齿状。菌柄长 2~6 cm，直径 3~6 mm，圆柱状，基部略膨大，幼时实心，成熟后空心，丝光质，表面具白色纤毛。担孢子 6.5~8.2 μm×3.5~5.1 μm，椭圆状至长椭圆状，光滑，浅棕褐色。

分布于北京市延庆区，林地上。有毒。具药用性，可抑菌。

214. 白盖黄白脆柄菇

Candolleomyces incanus C. L. Hou & H. Zhou, MycoKeys 88: 117 (2022)

菌盖直径 1~2 cm，半球形至圆锥形，湿润时颜色可由灰白色变至浅黄色。菌肉中心宽 0.5~1.0 mm，与菌盖同色。菌褶中等，贴生，灰白色至白色，边缘在孢子成熟时为白色。菌柄长 3~6 cm，直径 0.4~0.6 cm，光滑，水浸状，玉米穗色至白色。担孢子 6.0~7.0 μm×3.2~4.5 μm，椭圆状，在水中呈花白色至深黄色，表面光滑，丰富，多油滴，无孢孔。担子 15~20 μm×5~8 μm，短棍状，无色，具 4 个孢子小梗。

分布于北京市昌平区，林地上。食药用性未知。

215. 近似黄白脆柄菇

Candolleomyces subcandolleanus C. L. Hou & H. Zhou, MycoKeys 88: 115 (2022)

菌盖直径 5~20 mm，钟形至圆锥形，光滑，幼时具纤维状物，随后消失，颜色从褐色至金褐色。菌盖菌肉中心直径为 0.2~0.5 mm，与菌盖同色。菌褶中等至正常伸展，贴生，略带脏白色至白色，边缘在孢子成熟时呈白色。菌柄长 2~6 cm，直径 1~3 mm，光滑，底部有纤维状物，玉米穗色至白色。担孢子 5.5~6.7 μm×3.2~4.5 μm，椭圆状至卵状，在水中呈淡奶油色至淡柠檬色，表面光滑，多油滴，无孢孔。担子 18~27 μm×5~10 μm，短棍状，无色，具 4 个孢子小梗。

分布于天津市蓟州区，林地上。食药用性未知。

216. 燕山黄白脆柄菇

Candolleomyces yanshanensis C. L. Hou & H. Zhou, MycoKeys 88: 114 (2022)

菌盖直径 2~6 cm，扇形，随着年龄增长变平展，水浸状，略带脏白色至浅棕色。菌盖菌肉中心直径 1~2 mm，与菌盖同色。菌褶稀疏至中等伸展，贴生，略带脏白色至香槟色，边缘在孢子成熟时呈白色。菌柄长 5~13 cm，直径 3~6 mm，光滑，底部有纤维状物，玉米丝色至白色。担孢子 5.8~8.2 μm×3.3~5.4 μm，椭圆状至长椭圆状，卵状至椭圆状，部分底部呈三角状，水中呈深褐色至棕色，表面光滑，丰富，多油滴，常具孢孔。担子 17~31 μm×5.8~7.5 μm，短棍状，无色，具 4 个孢子小梗。

分布于河北省兴隆县，林地上。食药用性未知。

217. 白小鬼伞（白假鬼伞）

Coprinellus disseminatus (Pers.) J. E. Lange, Dansk bot. Ark. 9 (6): 93 (1938)

= *Agaricus disseminatus* Pers., Syn. Meth. Fung. (Göttingen) 2: 403 (1801)

Agaricus minutulus Schaeff., Fung. Bavar. Palat. Nasc. (Ratisbonae) 4: 72 (1774)

Coprinarius disseminatus (Pers.) Trog, Flora, Regensburg 15. 550 (1832)

Psathyrella disseminata (Pers.) Quél., Mém. Soc. Émul. Montbéliard, Sér. 25: 123 (1872)

菌盖直径 5~10 mm，幼时卵形至钟形，成熟后平展，淡褐色至黄褐色，被白色至褐色颗粒状至絮状鳞片，边缘具长条纹。菌肉近白色、薄。菌褶幼时白色，成熟后呈褐色至近黑色，成熟时不自溶或仅缓慢自溶。菌柄长 1~3 cm，直径 1~2 mm，白色至灰白色。无菌环。担孢子 6.5~9.5 μm×4~6 μm，椭圆状至卵状，光滑，淡灰褐色，顶端具芽孔。

分布于河北省兴隆县，林地上。有文献记载幼时可食，但老时有毒。

218. 晶粒小鬼伞（晶粒鬼伞）

Coprinellus micaceus (Bull.) Vilgalys, Hopple & Jacq. Johnson, Taxon 50 (1): 234 (2001)

= *Agaricus micaceus* Bull., Herb. Fr. (Paris) 6: Pl. 246 (1786)

Coprinopsis micaceus (Bull.) Fayod, Annls Sci. Nat., Bot., Sér. 79: 380 (1889)

Coprinus micaceus (Bull.) Fr., Epicr. Syst. Mycol. (Upsaliae): 247 (1838)

菌盖直径 2~4 cm，幼时卵形至钟形，成熟后平展，成熟后盖缘向上翻卷，淡黄色至黄褐色、红褐色至赭褐色，向边缘颜色渐浅呈灰色，水浸状，幼时有白色的颗粒状晶体，成熟后渐消失，边缘有长条纹。菌肉近白色至淡赭褐色，薄，易碎。菌褶幼时米黄色，后呈黑色，成熟时缓慢自溶。菌柄长 3~6 cm，直径 2~5 mm，圆柱状，近等粗，有时基部呈棒状或球茎状膨大，白色，具白色粉霜，后较光滑且渐变淡黄色，脆，空心。无菌环。担孢子 7~10 μm × 5~6 μm，椭圆状，光滑，灰褐色至暗棕褐色，顶端具平截芽孔。

分布于北京市昌平区，林地上。有文献记载幼时可食。

219. 辐毛小鬼伞（辐毛鬼伞）

Coprinellus radians (Fr.) Vilgalys, Hopple & Jacq. Johnson, Taxon 50 (1): 234 (2001)

≡ *Agaricus radians* Desm., Annls Sci. Nat., Sér. 1 13: 214 (1828)

= *Coprinus hortorum* Métrod, Revue Mycol., Paris 5 (2): 80 (1940)

Coprinus radians (Desm.) Fr., Epicr. Syst. Mycol. (Upsaliae): 248 (1838)

菌盖幼时直径 0.2~0.6 cm，高 0.2~1 cm，成熟时直径达 0.5~2.5 cm，幼时球形至卵圆形，成熟后渐展开且盖缘上卷，具有白色毛状鳞片，中部呈赭褐色、橄榄灰色，边缘白色，具小鳞片及条纹，成熟后开裂。菌肉薄，幼时灰褐色。菌褶弯生至离生，幼时白色，后渐变成黑色，稀疏，不等长，褶缘平滑。菌柄长 2~6.5 cm，直径 1~5 mm，圆柱状，向下渐粗，脆且易碎，空心。菌柄基部至基物表面上常有牛毛状菌丝覆盖。担孢子 10~12 μm × 6~7.5 μm，椭圆状，表面光滑，灰褐色至暗棕褐色，具有明显芽孔。

分布于河北省兴隆县，林地上。食药用性未知。

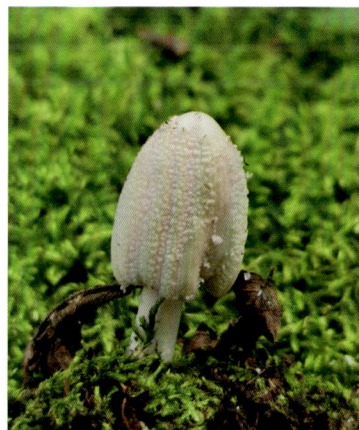

220. 庭院小鬼伞

Coprinellus xanthothrix (Romagn.) Vilgalys, Hopple & Jacq. Johnson, Taxon 50 (1): 235 (2001)

= *Coprinus xanthothrix* Romagn., Revue Mycol., Paris 6 (3~4): 127 (1941)

菌盖直径 0.5~1.5 cm，幼时球形至卵圆形，中部呈土黄色至褐色，边缘白色，具条纹，成熟后开裂明显。菌肉薄，幼时灰褐色。菌褶弯生至离生，幼时白色，成熟后渐变成黑色，稀疏，不等长，褶缘平滑。菌柄长 2~7 cm，直径 1~5 mm，圆柱状，向下渐粗，脆且易碎，空心。菌柄基部至基物表面上常有菌丝覆盖。担孢子 8~10 μm × 6~7 μm，椭圆状，表面光滑，灰褐色，具有明显芽孔。

分布于北京市顺义区，林地上。食药用性未知。

221. 墨汁拟鬼伞（墨汁鬼伞）

Coprinopsis atramentaria (Bull.) Redhead, Vilgalys & Moncalvo, Taxon 50 (1): 226 (2001)

≡ *Agaricus atramentarius* Herb., Fr. (Paris) 6: Pl. 164 (1786)

= *Agaricus luridus* Bolton, Hist. Fung. Halifax (Huddersfield) 1: 25 (1788)

Coprinus atramentarius (Bull.) Fr., Epicr. Syst. Mycol. (Upsaliae): 243 (1838)

Coprinus plicatus Pers., Tent. Disp. Meth. Fung. (Lipsiae): 62 (1797)

Pselliophora sobolifera (Fr.) P. Karst., Bidr. Känn. Finl. Nat. Folk 32: 530 (1879)

　　菌盖直径 1~3 cm，幼时卵圆形，成熟后渐展开呈钟形至圆锥形，且盖缘上卷，开伞时液化流墨汁状汁液，有褐色鳞片，边缘近光滑。菌肉薄，幼时白色，成熟后变成灰白色。菌褶弯生，密，不等长，幼时白色至灰白色，成熟后渐变成灰褐色至黑色，最后变成黑色汁液。菌柄长 2~8 cm，直径 0.5~0.8 cm，圆柱状，向下渐粗，表面白色至灰白色，表面光滑或有纤维状小鳞片，空心。担孢子 7.5~10 μm × 5~6 μm，椭圆状至宽椭圆状，光滑，深灰褐色至黑褐色，具有明显芽孔。

　　分布于北京市延庆区，林地上。具食用性，但不建议食用；具药用性，可消食、化痰、解毒、消肿、抗肿瘤。

222. 雪白拟鬼伞

Coprinopsis nivea (Pers.) Redhead, Vilgalys & Moncalvo, Taxon 50 (1): 229 (2001)

= *Agaricus niveus* Pers., Syn. Meth. Fung. (Göttingen) 2: 400 (1801)

Coprinus latisporus P. D. Orton, Notes R. Bot. Gdn Edinb. 32 (1): 140 (1972)

菌盖直径 2~3 cm，白色，卵形至钟形，密被白色粉粒状菌幕残余。菌肉白色。菌褶离生，幼时白色，后呈灰色，成熟时近黑色。菌柄长 5~7 cm，直径 3~7 mm，白色至污白色，被白色粉末状鳞片，渐变光滑。无菌环。担子 25~35 μm × 12~15 μm。担孢子 12~16 μm × 7~9 μm，侧面观椭圆状，正面观近柠檬状，光滑，近黑色，有芽孔。

分布于北京市昌平区，林地上。食药用性未知。

羽瑚菌科 Pterulaceae

223. 跑马洛克钝齿壳菌

Radulomyces paumanokensis J. Horman, Nakasone & B. Ortiz, Cryptog. Mycol. 39 (2): 237 (2018)

子实体辐射状，具分枝，直径可达 50 mm，新鲜时呈白色、橙白色至浅橙色，干燥时呈浅橙色或灰橙色。刺细长，长达 20 mm，坚硬，圆柱形至圆锥形，在基部融合，多次分枝，顶端呈钝尖状，干燥时易碎，表面光滑至细粉状，内部致密，蜡质，呈黄褐色。担子稀少，棍棒状至圆柱状，25~31 μm × 5~7.5 μm，基部锁状联合，有时具柄，具 4 个担子小梗，壁透明，薄，光滑。担孢子球状至近球状，5.5~7 μm × 5~6.5 μm，壁透明，薄至稍厚，光滑，嗜蓝。

分布于北京市怀柔区，林地上。食药用性未知。

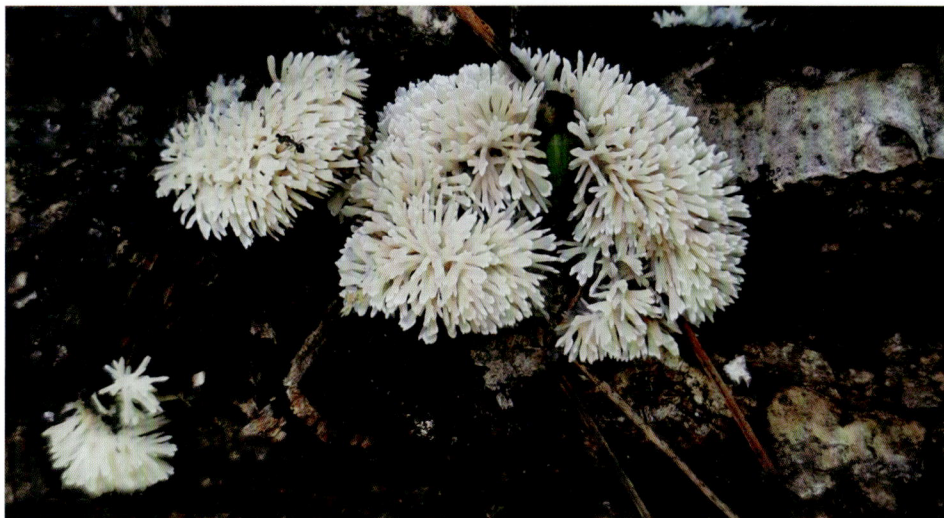

里肯菇科 Rickenellaceae

224. 白斗杯革菌

Cotylidia diaphana (Cooke) Lentz, Agric. Monogr. U. S. D. A. 24: 12 (1955)

= *Stereum diaphanum* Cooke, in Saccardo, Syll. Fung. (Abellini) 6: 558 (1888)

Podoscypha diaphana (Cooke) S. Ito, Mycol. Fl. Japan 2 (4): 151 (1955)

Thelephora sullivantii Mont., Syll. Gen. Sp. Crypt. (Paris): 176 (1856)

Thelephora willeyi Clinton, Rep. (Ann.) N. Y. St. Mus. Nat. Hist. 26: 71 (1874)

子实体直径 25~40 mm，薄，漏斗形，有时匙形，具条纹，通常在边缘分开。幼时呈白色，干燥时变成奶油色，有时具细放射状原纤维。子实层表面光滑，有时具放射状褶皱，与上表面同色。菌柄 8~15 mm × 1~2 mm，坚实，光滑，白色，偶见基部被茸毛。担子 18~27 μm × 5~6 μm，细长棒状。孢子 4~6.5 μm × 2.5~3.5 μm，透明，椭圆状，光滑。

分布于北京市密云区，林地上。食药用性未知。

红菇科 Russulaceae

225. 白灰乳菇

Lactarius albidocinereus X. H. Wang, S. F. Shi & T. Bau, Mycoscience 59 (3): 210 (2018)

菌盖直径 3~6.5 cm，幼时半球形，成熟后平展，中部稍凹陷，菌盖表面干，具近绒质感，奶油色至浅灰褐色，有时褪色成近白色，中心色深，色常不均匀。菌肉厚 1~3 mm，白色，迅速变色成鲑鱼色至亮橙色。菌褶直径 2~5 mm，密至近密，直生或延生，奶油白色至浅黄褐色，受伤后变色成浅粉红色。菌柄 20~50 mm×5~10 mm，圆柱状，向下稍渐细，白色或稍带浅黄褐色调，近绒质感。乳汁白色，迅速或缓慢变成浅粉红色，味辛辣。孢子 6~9 μm×5~7 μm，近球状至椭圆状，大多数呈宽椭圆状，有纹饰。

分布于河北省兴隆县，林地上。食药用性未知。

226. 盾形乳菇

Lactarius aspideus (Fr.) Fr, Epicr. Syst. Mycol. (Upsaliae): 336 (1838)

≡ *Agaricus aspideus* Fr., Observ. Mycol. (Havniae) 2: 189 (1818)

Lactarius aspideoides Burl., Bull. Torrey Bot. Club 34: 87 (1907)

Lactifluus aspideus (Fr.) Kuntze, Revis. Gen. Pl. (Leipzig) 2: 856 (1891)

子实体中至大型。菌盖直径 3~9 cm，赭褐色，水浸状。菌肉厚 3~10 mm，浅赭色。菌褶直径 5~9 mm，近直生或延生，密，奶油色，常在菌柄处分叉。菌柄 3~9 cm×2~2.5 cm，圆柱状，等粗或向下渐粗，赭黄色，具深色窝斑。乳汁白色。孢子 7~11 μm×6~9 μm，近球状至长椭圆状，有纹饰。

分布于北京市延庆区，林地上。食药用性未知。

227. 白杨乳菇

Lactarius controversus Pers., Observ. Mycol. (Lipsiae) 2: 39 (1800)

子实体中至大型。菌盖直径 6~18 cm，幼时半球形，中部下凹，成熟后呈漏斗形或喇叭形，白至污白色，有淡红斑及细毛，湿时黏，边缘有不明显环带。菌肉白色，硬而脆，乳汁白色。菌褶白或污白带粉红色，直生或延生，密。菌柄长 3~7cm，直径 1~3cm，圆柱状，向下渐细，与菌盖同色，内实。孢子近无色，有疣突，有棱和网纹，近球状，6~8 μm × 5~6 μm。秋季于林中地上散生。

分布于北京市密云区，林地上。具食用性。

228. 奶油色乳菇

Lactarius cremicolor H. Lee, Wisitr. & Y. W. Lim, Fungal Diversity 95: 308 (2019)

菌盖直径 2~5 cm，边缘稍内卷，中部凹陷，有时中心稍具微弱环纹，边缘无刺毛，近奶油色、浅黄褐色，中心色深。菌肉厚 3~4 mm，奶油色。菌褶直径 2~4 mm，短延生，密，奶油色。菌柄 2~5 cm × 0.5~1 cm，圆柱状，向下渐细，奶油色至污白色。乳汁白色，不变色。孢子 6~8 μm × 5~6 μm，椭圆状至长椭圆状，有纹饰。

分布于北京市怀柔区，林地上。食药用性未知。

229. 松乳菇

Lactarius deliciosus (L.) Gray, Nat. Arr. Brit. Pl. (London) 1: 624 (1821)

≡ *Agaricus deliciosus* L., Sp. Pl. 2: 1172 (1753)

Galorrheus deliciosus (L.) P. Kumm., Führ. Pilzk. (Zerbst): 126 (1871)

Lactarius laeticolor (S. Imai) Imazeki Ex Hongo, Acta phytotax. Geobot., Kyoto 18: 139 (1960)

Lactifluus deliciosus (L.) Kuntze, Revis. Gen. Pl. (Leipzig) 2: 856 (1891)

菌盖直径 5~10 cm，边缘内卷，中部凹陷，具明显水浸状环纹，淡橙色、灰红色或橙黄色，表面稍黏。菌肉厚 4~7 mm，奶油橙色或淡橙色。菌褶直径 3~5 mm，直生至短延生，密至极密，橙色、橙黄色，受伤变绿色，通常在菌柄处分叉。菌柄 1~6 cm×1~3 cm，近圆柱状，等粗或向下渐细，常具明显窝斑，橙黄色、浅红色或橙红色，受伤变浅绿色。乳汁橙色，缓慢变成暗红色。孢子 7~9 μm×5~7 μm，椭圆状至长椭圆状，有纹饰。

分布于北京市怀柔区、延庆区，林地上。具食药用性。

230. 沃斯乳菇

Lactarius evosmus Kühner & Romagn, Bull. Trimest. Soc. Mycol. Fr. 69: 361 (1954)

菌盖直径 3~12 cm，边缘平展，中部凹陷，黏，具微弱或较明显环纹，有时只在边缘具明显环纹，有时呈水浸状环纹，亮黄色、黄色或橙色。菌肉厚 2~5 mm，淡橙色或奶油白色。菌褶直径 3~5 mm，短延生至延生，密至极密，通常在菌柄处分叉，受伤变黄褐色至褐色、橙色、奶油黄色。菌柄 3~6 cm×1~2 cm，圆柱状，等粗或向下渐细，具窝斑，幼时近奶油白色，成熟后浅黄色、奶油黄色、淡橙色，基部色浅。乳汁奶油白色，不变色。孢子 7~9 μm×5~7 μm，椭圆状至长椭圆状，有纹饰。

分布于北京市怀柔区、密云区，林地上。食药用性未知。

231. 窝柄黄乳菇

Lactarius scrobiculatus (Scop.) Fr, Epicr. Syst. Mycol. (Upsaliae): 334 (1838)

≡ *Agaricus scrobiculatus* Scop. 1772

菌盖直径 3~5 cm，边缘内卷，中部凹陷，具明显水浸状环纹，白色、污白色至奶白色。菌肉厚 2~5 mm，奶油色。菌褶宽 2~3 mm，直生至短延生，密至极密，通常在菌柄处分叉。菌柄 2~5 cm×1~2 cm，近圆柱状，等粗，污白色至奶白色。乳汁橙色，缓慢变暗红色。孢子 5~8 μm×3~7 μm，椭圆状至长椭圆状，有纹饰。

分布于北京市昌平区，林地上。有毒，具药用性。

232. 香亚环乳菇

Lactarius subzonarius Hongo, J. Jap. Bot. 32: 213 (1957)

菌盖直径 1~4 cm，幼时半球形，后平展至中部稍凹陷，表面不黏，覆盖有白色茸毛，橙黄色至咖啡色。菌肉较厚，白色。菌褶密，宽 2~3 mm，淡黄色，短延生。菌柄 2~5 cm×1~2 cm，基部常膨大，橙黄色至咖啡色。乳汁较少，白色，不变色，柔和。孢子 6~9 μm×5~7 μm，近球状至椭圆状，有纹饰。

分布于北京市密云区，林地上。具药用性。

233. 疝疼乳菇（毛头乳菇）

Lactarius torminosus (Schaeff.) Gray, Tent. Disp. Meth. Fung. (Lipsiae): 64 (1797)

= *Agaricus cilicioides* Fr., Syst. Mycol. (Lundae) 1: 63 (1821)

Agaricus torminosus Schaeff., Fung. Bavar. Palat. Nasc. (Ratisbonae) 4: 7 (1774)

Lactarius cilicioides (Fr.) Fr., Epicr. Syst. Mycol. (Upsaliae): 334 (1838)

Lactarius nordmanensis A. H. Sm., Brittonia 12: 308 (1960)

菌盖直径 4~10 cm，边缘内卷，中部凹陷呈漏斗状，具明显环纹，湿时黏，盖表边缘具明显刺毛，肉粉色，深粉红色，偶具赭色，中心色深，成熟后子实体偏黄褐色，中部深褐色。菌肉厚 3~5 mm，近白色。菌褶直径 4~6 mm，近直生至延生，密至极密，近白色、淡粉红色。菌柄 3~7 cm×0.5~2 cm，圆柱状，等粗或向上渐细，淡黄褐色、粉红色，底部近白色，基部有时具淡黄色糙伏毛。乳汁白色，不变色，味极辣。孢子 7~10 μm×6~8 μm，近球状至椭圆状，有纹饰。

分布于北京市密云区、怀柔区，林地上。有毒。

234. 亚祖乳菇

Lactarius yazooensis Hesler & A. H. Sm, North American Species of Lactarius (Ann Arbor): 264 (1979)

菌盖直径 3~7 cm，边缘平展，中部凹陷，具同心环纹，有时具水浸状环纹，黏，浅黄色、浅黄褐色或奶油黄褐色，中心色深或同色。菌肉厚 2~4 mm，近白色至奶油色。菌褶直径 2~4 mm，短延生，密，奶油色、淡黄色或浅黄褐色。菌柄 2~6 cm×0.5~1.5 cm，圆柱状，等粗或向下渐细，与菌褶同色或比之稍深，具粉色调，具深色窝斑，靠近菌柄基部窝斑数量较多。乳汁白色，不变色或缓慢变成黄色至硫黄色，味辛辣。孢子 8~10 μm×6~8 μm，宽椭圆状至椭圆状，有纹饰。

分布于北京市密云区，林地上。食药用性未知。

235. 轮纹乳菇

Lactarius zonarius (Bull.) Fr, Epicr. Syst. Mycol. (Upsaliae): 336 (1838)

≡ *Agaricus zonarius* Bull., Herb. Fr. (Paris) 3: Pl. 104 (1783)

Agaricus insulsus Fr., Syst. mycol. (Lundae) 1: 68 (1821)

Lactarius insulsus (Fr.) Fr., Epicr. Syst. Mycol. (Upsaliae): 336 (1838)

Lactifluus insulsus (Fr.) Kuntze, Revis. Gen. Pl. (Leipzig) 2: 857 (1891)

菌盖直径 3~12 cm，边缘平展，中部凹陷，黏，具微弱或较明显环纹，有时只在边缘具明显环纹，有时具水浸状环纹，亮黄色、黄色或橙色。菌肉厚 2~5 mm，淡橙色或奶油白色。菌褶直径 3~5 mm，短延生至延生，密至极密，通常在菌柄处分叉，受伤变黄褐色至褐色、橙色或奶油黄色。菌柄 3~6 cm×1~2 cm，圆柱状，等粗或向下渐细，具窝斑，幼时近奶油白色，成熟后浅黄色、奶油黄色或淡橙色，基部色浅。乳汁奶油白色，不变色。孢子 7~9 μm×5~7 μm，椭圆状至长椭圆状，有纹饰。

分布于北京市怀柔区，林地上。具药用性。

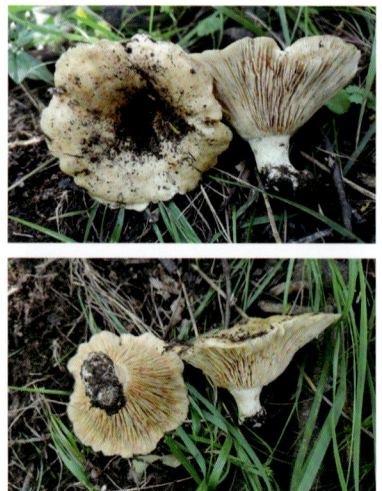

236. 淡黄多汁乳菇

Lactifluus luteolus (Peck) Verbeken, Mycotaxon 120: 446 (2012)

菌盖直径 2~5 cm，边缘平展，中部凹陷，有时具水浸状，浅黄褐色或奶油黄褐色，略带红色色调，被天鹅绒状茸毛。菌肉厚 2~4 mm，近白色至奶油色。菌褶直径 1~3 mm，短延生，奶油色，淡黄色。菌柄 2~6 cm×0.5~1.5 cm，圆柱状，等粗或向下渐细，与菌褶同色或比之稍深，具粉色调。乳汁白色，奶油黄褐色，略带红色。孢子 6~8 μm×5~7 μm，宽椭圆状至椭圆状，有纹饰。

分布于北京市密云区，林地上。具食用性。

237. 褪绿红菇

Russula atroglauca Einhell., Denkschr. Regensb. Bot. Ges. 39: 101 (1980)

菌盖直径 1.5~4 cm，幼时扁半球形，成熟后平展中稍微下凹，菌盖表面湿时黏，光滑，边缘具有明显短条纹，成熟后褶皱。菌盖呈橄榄绿、浅绿色或黄绿色，中间色深，呈深褐色或暗绿色。菌褶奶油色至淡黄色，直生，靠近边缘处每厘米有 11~14 片菌褶，有小菌褶，无规律，分叉，菌柄长 2.0~4.8 cm，直径 1.1~2 cm，白色，圆柱状，靠近基部略粗，有锈色斑点。受伤不变色。孢子 5~7 μm× 5~6 μm，近球状至宽椭圆状，有淀粉样纹饰，相对较小。

分布于北京市延庆区，林地上。食药用性未知。

238. 金黄红菇

Russula aurea Pers., Observ. Mycol. (Lipsiae) 1: 101 (1796)

菌盖直径 5~8 cm，扁半球形，后中央凸起，成熟后平展至中部稍下凹，边缘钝圆至尖锐，不开裂至极少开裂，菌盖表面橘红色至橘黄色，中部通常颜色较深或带黄色，成熟后褪色至整个菌盖呈鲜黄色，边缘无条纹或不明显条纹，湿时稍黏至不黏，干燥后光滑，无附属物。菌肉白色，浅橙灰色，边缘处极薄。菌褶淡直生至几乎离生，稍密，褶间具横脉，近菌柄处通常分叉，延生，等长。孢子 6~9 μm×5~7 μm，多数宽椭球状至椭球状，少数球状至近球状，无色，有淀粉样纹饰，相对较小。

分布于北京市密云区，林地上。具食药用性。

239. 贝拉红菇

Russula bella Hongo, Memoirs of Shiga University 18: 50 (1968)

菌盖直径 2~5 cm，幼时扁平，后中央凸起，成熟后中部稍下凹，微黏，白色至粉红色，边缘平滑或有条纹，幼嫩时边缘内卷，成熟后边缘不规则上翘，中部略带褐色，被茸毛，或无毛。菌肉白色，较薄，脆弱，受伤后不变色。菌褶直生或凹生，等长，有分叉，褶间有横脉，钝圆至近尖锐，长短一致，稍密。菌柄长 2~6 cm，直径 0.5~1.5 cm，中生，圆柱状，白色，成熟后污白色，表面光滑，老后略有皱纹，幼时内实，成熟后中空。孢子 6~9 μm×5~8 μm，少数球状和椭球状，无色或微黄色，有淀粉样纹饰，相对较小。

分布于北京市怀柔区、昌平区、平谷区，林地上。具食用性。

240. 蜡味红菇

Russula cerolens Shaffer, Mycologia 64 (5): 1036 (1972)

子实体小至中型，菌盖直径 2~5 cm，菌盖中央颜色深，呈黑褐色、黄褐色，边缘颜色较浅，呈浅灰褐色至褐色。菌肉白色，较薄，脆弱，受伤后不变色。菌褶白色至淡黄色，直生至近离生，无小菌褶，靠近菌柄处分叉，白色至黄褐色。孢子 4~8 μm×2~5 μm，近球状至宽椭圆状，有淀粉样纹饰，表皮疣突相对较低。

分布于北京市怀柔区、昌平区、密云区、延庆区，林地上。食药用性未知。

241. 蓝黄红菇

Russula cyanoxantha (Schaeff.) Fr., Monogr. Hymenomyc. Suec. (Upsaliae) 2 (2): 194 (1863)

= *Agaricus cyanoxanthus* Schaeff., Fung. Bavar. Palat. Nasc. (Ratisbonae) 4: 40 (1774)

Russula cyanoxantha var. *cutefracta* (Cooke) Sarnari, Boll. Assoc. Micol. Ecol. Romana 9 (27): 38 (1992)

Russula flavoviridis Romagn., Bull. Mens. Soc. Linn. Lyon 31 (6): 175 (1962)

Russula variata Banning, Bot. Gaz. 6 (1): 166 (1881)

菌盖直径 5~15 cm，幼时半球形至扁半球形，后中央凸起，伸展后中部下凹，略呈碟形，边缘稍内卷至伸展，近尖锐至尖锐，偶尔开裂，菌盖颜色变化较大，暗紫灰色、紫褐色、橄榄绿色或紫灰色带绿色，盖缘平滑，无条纹。菌肉白色，近表皮处淡红色或淡紫色，成熟后和受伤后变成灰白色，较坚实。菌褶直径 5~10 mm，近直生，顶端尖锐，较密，不等长，近柄处多有分叉，小菌褶较少。菌柄长 4~10 cm，直径 1~3 cm，圆柱状，有时近基部处稍变粗，白色，老后变灰白色，偶尔带黄色和黄褐色小斑点，幼时内实，成熟后内部松软。孢子 6~10 μm × 5~9 μm，多数近球状、宽椭球状至椭球状，少数球状，无色，脐上区淀粉样点不明显。

分布于北京市密云区，林地上。具食用性。

242. 非白红菇

Russula exalbicans (Pers.) Melzer & Zvára, Arch. Přírod. Výzk. Čech 17 (4): 97 (1928)

= *Agaricus rosaceus* ß exalbicans Pers., Syn. Meth. Fung. (Göttingen) 2: 439 (1801)

Russula nauseosa var. *pulchella* (I. G. Borshch.) Killerm., Denkschr. Bayer. Botan. Ges. in Regensb. 20: 43 (1939)

Russula rosacea var. *exalbicans* (Pers.) Gillet, Hyménomycètes (Alençon): 242 (1876)

菌盖幼时扁半球形，成熟后平展，中部略有下凹，菌盖直径 5~9 cm，边缘稍下垂至渐平展，有时开裂，菌盖表面颜色较为复杂，全部呈浅绿色、青黄色、粉红色或暗酒红色，或中部呈较浅的绿色、青黄色而边缘呈粉红色，湿时稍黏，干燥后光滑。菌肉白色，菌盖表皮下方有微弱粉红色调，成熟后呈污白色至灰白色，气味不显著，味道稍辛辣。菌褶凹生，不等长，顶端钝圆至近尖锐，褶间无横脉至微具横脉，无小菌褶，白色至淡乳黄色，老后变浅灰褐色。菌柄长 3~8 cm，直径 1~2 cm，圆柱状，近基部稍膨大，白色，有时带浅红色和粉红色，不久变灰色。孢子印深乳黄色至浅赭黄色。孢子 6~9 μm × 6~8 μm，近球状至宽椭球状，少数球状，近无色至微黄色，有淀粉样纹饰，相对较小。

分布于北京市延庆区及河北省赤城县，林地上。具食用性。

243. 细弱红菇

Russula gracillima Jul. Schäff., Z. Pilzk. 10: 105 (1931)

菌盖直径 2~6 cm，幼时凸起，成熟后扁平，有时中央凸起，边缘有时上翘，菌盖紫褐色、暗紫色至褐紫罗兰色，有时石榴红色，菌盖中央呈烟色、岩羊皮色、紫褐色、暗绿色或橄榄色，有时变淡，边缘粉色，有时紫红色、暗紫色，菌盖薄，脆，表皮有光泽，湿时较黏，干燥时光滑。菌肉白色。菌褶略弯生，有分叉，薄，菌盖边缘有极少的小菌褶，白色至苍白奶油色。菌柄长 3.5~7 cm，直径 0.5~1 cm，棒状，有时近基部处变粗，白色至暗玫瑰红色，有时基部赭红色，幼时内实，成熟后中空，松软，易碎。孢子 7~9 μm×6~8 μm，近球状至宽椭球状，少数球状，无色至微黄色，有淀粉样纹饰，相对较小。

分布于河北省赤城县，林地上。食药用性未知。

244. 黑龙江红菇

Russula heilongjiangensis G. J. Li & R. L. Zhao, Mycosphere 9 (3): 434 (2018)

子实体小至中型，菌盖直径 2~5 cm，幼时凸起，成熟后扁平，有时中央凸起，菌盖浅黄色至黄褐色。菌褶奶油色，老后变褐色，直生，无小菌褶，不分叉。菌柄白色至浅黄褐色，圆柱状，向基部有变粗的趋势。孢子 5~7 μm×3~6 μm，近球状至宽椭圆状，有淀粉样纹饰，几乎无孤立疣突，形成网状结构。

分布于北京市怀柔区，林地上。食药用性未知。

245. 非凡红菇

Russula insignis Quél., C. r. Assoc. Franç. Avancem. Sci. 16 (2): 588 (1888)

菌盖直径 3~7 cm，幼时扁半球形至中央凸起，成熟后近平展，少数边缘上翘至呈浅碟形，有时开裂，菌盖表面湿时稍黏，干燥后不光滑，无光泽，褐色色调，常呈黑褐色、灰褐色、黄褐，边缘颜色较浅，呈污白色至污灰色。菌肉白色，成熟后微带浅奶油色，受伤后变黄褐色至灰褐色。菌褶直生，部分中部至盖缘处分叉，近盖缘处钝圆。菌柄圆柱形近基部处稍粗或稍细，近菌盖处稍粗，长 3~7 cm，直径 1~3 cm，表面污白色，基部浅黄色至浅黄褐色，光滑，幼时内实，成熟后中空。孢子 6~9 μm×5~7 μm，近球状至宽椭球状，少数球状和椭球状，无色至微黄色，有淀粉样纹饰，相对较小。

分布于北京市怀柔区、平谷区，林地上。食药用性未知。

246. 落叶松红菇

Russula laricina Velen., České Houby (Praze) 1: 149 (1920)

菌盖直径 3~6 cm，幼时扁半球形，成熟后中央稍凸起至近平展，部分边缘稍上翘呈浅碟形，菌盖边缘有较明显短条纹，部分菌盖表皮成熟后小块剥落，少见开裂，菌盖湿时黏，干燥后稍光滑，无光泽菌盖表面呈多变的红褐至紫褐色调，可呈红褐色、暗砖红色和紫褐色，中央颜色较深，菌盖表皮下方菌肉白色，有时有浅紫红色。菌肉白色，雨后或环境极为潮湿时变灰。菌柄上方厚 0.3~0.8 cm。菌褶弯生，深奶油色至微黄色，成熟后深黄色，受伤后缓慢变浅黄褐色，极少分叉，宽 0.3~0.6 cm，褶间具横脉。菌柄圆柱形，近基部稍粗，长 3~7 cm，直径 0.5~1.2 cm，表面光滑，表面白色至奶油色，成熟后带微黄色，幼时内实，成熟后中空。孢子印黄色至深黄色。孢子 6~10 μm × 5~8 μm，近球状至宽椭球状，少数球状和椭球状，无色，有淀粉样纹饰，相对较小。

分布于北京市怀柔区、延庆区及河北省赤城县、兴隆县，林地上。食药用性未知。

247. 黄红菇

Russula lutea (Huds.) Gray, Nat. Arr. Brit. Pl. (London) 1: 618 (1821)

菌盖直径 3~10 cm，扁半球形，后平展至中部下凹，边缘钝圆，淡黄色、黄色、土黄色，有时杏黄色，湿时黏，有光泽，干燥后光滑，无毛，成熟后有微细皱纹，盖缘平滑，后期有不明显条纹，表皮易剥离。菌肉近柄处较厚，近缘处渐薄，幼时白色，成熟后或受伤后变黄色。菌褶离生，等长至近等长，稍密至稍稀，顶端钝圆至近尖锐，幼时奶油色，成熟后黄色。菌柄长 4~6 cm，直径 0.7~1.5 cm，圆柱状，近基部处略膨大，表面白色，后变黄色至深黄色，有明显皱纹，幼时内实，成熟后海绵质，松软。孢子 6~8 μm × 5~7 μm，近球状至宽椭球状，少数球状和椭球状，黄色，有淀粉样纹饰，相对较小。

分布于北京市怀柔区、河北省兴隆县，林地上。具食用性。

248. 髓质红菇

Russula medullata Romagn, Docums Mycol. 27 (106): 53 (1997)

菌盖直径 4~12 cm，初扁半球形，中央有脐状凸起，后平展，中部平展至下凹，盖缘内卷后平直或有时呈波状，平滑或具短条纹，杏绿色、青灰色、灰橄榄色、浅灰色或榛色，有时褪色至黄绿色至浅黄褐色，中部颜色较深，湿时黏，干后光滑有光泽。菌肉幼时厚实，成熟后易碎，幼时奶油色至浅赭色，成熟后变赭黄色，受伤后不变色。菌褶直径 4~12 mm，近柄处多分叉，直生至近延生，顶端钝圆，近柄处变窄，奶油色至深奶油色。菌柄长 3~10 cm，直径 1~4 cm，圆柱状，等粗或顶部增粗，幼时内实，成熟后松软，白色，有时带污褐色和黄褐色，少见变烟灰色，基部有锈褐色斑点，表面微具果霜和微细网纹。孢子 6~8 μm × 5~7 μm，球状、近球状至宽椭球状，微黄色至黄色，有淀粉样纹饰，相对较小。

分布于北京市密云区、延庆区及河北省兴隆县，林地上。具食用性。

249. 密云红菇

Russula miyunensis C. L. Hou, H. Zhou, & G. Q. Cheng, Journal of Fungi 8 (12, 1283): 9 (2022)

菌盖直径 3~14 cm，幼时半球形，成熟后平展，中间下凹，边缘老后向外翻，光滑，成熟后在边缘附近大块开裂。菌盖边缘色浅呈粉色、灰黄色或浅黄色，中间色深，呈深红色或深棕色，菌褶奶油色至淡黄色，成熟后呈黄褐色，直生，不等长，几乎不分叉，无小菌褶。菌柄长 5~9 cm，直径 2~4 cm，中生至偏中生，中空，白色，靠近基部有黄褐色斑点，圆柱状，基部较粗。菌肉白色，受伤后不变色。孢子 7~9 μm × 5~7 μm，近球状至宽椭圆状，无色，有淀粉样纹饰，相对较小。

分布于北京市密云区，林地上。食药用性未知。

250. 诺尔亚红菇

Russula nuoljae Kühner, Bull. Trimest. Soc. mycol. Fr. 91 (3): 388 (1975)

子实体小至中型，菌盖直径 2~10 cm，幼时半球形，成熟后平展，中间下凹，边缘成熟后向外翻，光滑，成熟后在边缘附近大块开裂，菌盖边缘紫红色，中间有灰绿色，湿时黏，干后光滑有光泽。菌褶离生，淡黄色，菌柄长 3~8 cm，直径 2~4 cm，白色，坚实，向基部逐渐变粗。孢子 5~9 μm×3~6 μm，宽椭圆状至椭圆状，具有孤立疣突，无色，有淀粉样纹饰，相对较小。

分布于北京市延庆区，林地上。食药用性未知。

251. 牧场红菇

Russula pascua (F. H. Møller & Jul. Schäff.) Kühner, Bull. trimest. Soc. mycol. Fr. 91 (3): 331 (1975)

= *Russula xerampelina* var. *pascua* F. H. Møller & Jul. Schäff., Annls mycol. 38 (2/4): 332 (1940)

菌盖直径 2~5 cm，幼时半球形，成熟后扁半球形至中央凸起，成熟后近平展，边缘平展，无起伏或仅有微弱起伏，偶有开裂，菌盖边缘幼时无条纹，成熟后有不明显短条纹，菌盖表面呈紫红色、红褐色、暗红褐色、酒红色、暗紫红色、红铜色、浅红色、粉红色、赭红色和暗紫罗兰色，中央有时褪色至赭黄色、浅黄褐色和烟黄色，干燥后颜色变灰暗，湿时黏，无光泽。菌肉幼时白色，成熟后奶油色。菌褶直生至稍弯生，奶油色。菌柄长 2~5 cm，直径 0.6~1.5 cm，圆柱状，近基部渐粗，白色，表面光滑，成熟后有微细的纵向皱纹，幼时内实，成熟后中空。孢子 5~8 μm×5~7 μm，近球状至宽椭球状，少数球状和椭球状，无色，有淀粉样纹饰，相对较小。

分布于北京市延庆区、密云区，林地上。食药用性未知。

252. 篦形红菇（篦边红菇、米黄菇）

Russula pectinata Fr., Epicr. Syst. Mycol. (Upsaliae): 358 (1838)

菌盖直径 3~9 cm，幼时扁半球形至中央凸起，成熟后平展中部下凹，榛色、稻黄色、米黄色或黄褐色，成熟后近栗褐色，中部色深，有锈色斑点，边缘颜色较淡，表面湿时黏，易干燥。菌肉薄，稍致密，成熟后较脆，白色，表皮下带黄色。菌褶直生、弯生至近离生，稍密，稍宽，基本等长，近柄处变窄，稍分叉，有横脉，有小菌褶，白色至污白色，淡奶油色至灰奶油色。菌柄圆柱状，白色至污白色，顶部偶有蓝绿色环状条带，基部常有红褐色斑点，光滑，幼嫩时有茸毛，幼时内实，成熟后中空。孢子 6~9 μm × 5~7 μm，近球状至宽椭球状，少数球状和椭球状，无色，有淀粉样纹饰，相对较小。

分布于北京市延庆区、顺义区、怀柔区，林地上。食药用性未知。

253. 拟篦形红菇（拟米黄菇、拟篦边红菇）

Russula pectinatoides Peck, Bull. N. Y. St. Mus. 116: 43 (1907)

菌盖直径 3~7 cm，菌盖幼时扁半球形，成熟后平展中部下凹，部分中央凹陷或呈脐状，最终盖缘上翘，有时撕裂。菌盖表面光滑，茶褐色或米黄色带土黄色斑，通常中部色深，边缘色浅，湿时黏。菌肉白色，表皮下成熟后变污黄色或污淡褐色，最终全部变浅灰色。菌褶直生至弯生，稍密至稍稀，多有分叉和小菌褶，淡乳黄色带浅灰色调。菌柄长 2~8 cm，直径 0.5~2 cm，白色，有时稍带浅灰色或浅褐色，基部通常带锈色至紫罗兰色斑点，幼时内实，成熟后中空。孢子印乳黄色。孢子 6~8 μm × 6~7 μm，球状、近球状至宽椭球状，浅黄色，有淀粉样纹饰，相对较小。

分布于北京市延庆区、怀柔区及河北省兴隆县，林地上。具食用性。

254. 桃色红菇

Russula persicina Krombh, Naturgetr. Abbild. Beschr. Schwämme (Prague) 9: 12 (1845)

菌盖直径 4~13 cm，幼时球形至半球形，成熟后扁半球形，平展至中部稍下凹至下凹，菌盖边缘较钝圆，有时波浪形至微锯齿形，有时开裂，亮红色、紫罗兰色或血红色，偶有石榴红色，从中心区域到菌盖边缘常褪色，有时整个菌盖褪色至污白色、淡奶油色至近乎白色，表面光滑。菌褶较厚，密集，灰奶油色。菌柄长 2~5 cm，直径 1~2 cm，中生至略有偏生，圆柱状，近顶部和基部处略变细，坚实，白色。孢子 7~9 μm×6~8 μm，近球状至宽椭圆状，偶有椭球状，无色至微黄色，有淀粉样纹饰，相对较小。

分布于北京市延庆区、密云区及河北省兴隆县，林地上。食药用性未知。

255. 平盖红菇

Russula plana C. L. Hou, H. Zhou, & G. Q. Cheng, Journal of Fungi 8 (12, 1283): 13 (2022)

菌盖直径 2~5 cm，幼时半球形，成熟后平展，中部稍微下凹，边缘老后外翻，光滑，湿时黏，易干燥。菌盖呈砖红色至深红色，边缘色浅呈粉色，菌褶奶油色，成熟后呈黄色，直生至近弯生，几乎不分叉，无小菌褶，菌柄长 2~4 cm，直径 0.6~1.3 cm，白色，有时具有粉色，圆柱状。菌肉白色，受伤后不变色。孢子 6~10 μm×5~8 μm，近球状至宽椭圆状，有淀粉样纹饰，相对较小，无色至微黄色。

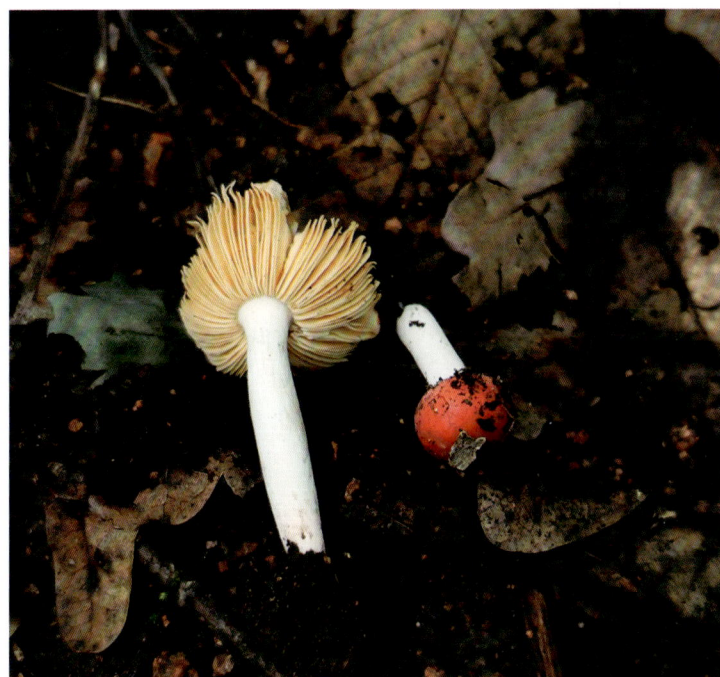

分布于北京市密云区，林地上。食药用性未知。

256. 近紫红菇

Russula pseudopunicea C. L. Hou, H. Zhou, & G. Q. Cheng, Eur J Taxon 861: 189 (2023)

菌盖直径 3~12 cm，幼时扁半球形，成熟后平展中部下凹，边缘稍微外翻，光滑或有不明显条纹，表面湿时黏，易干燥。菌盖呈红褐色、黄褐色至浅褐色，局部灰褐色，边缘色浅呈灰黄色、浅黄色至浅黄褐色。菌褶奶油色至浅黄色，直生至近弯生，靠近边缘每厘米有 11~14 片菌褶，不分叉，无小菌褶。菌柄长 4~10 cm，直径 2~4 cm，白色，靠近基部有浅灰褐色，圆柱状，基部略粗，中生，幼时中空，成熟后坚实。菌肉白色。孢子 5~8 μm × 4~6 μm，近球状至宽椭圆状，有淀粉样纹饰，相对较小，无色。

分布于北京市密云区及河北省兴隆县，林地上。食药用性未知。

257. 血红色红菇

Russula sanguinea (Bull.) Fr. Epicr. Syst. Mycol. (Upsaliae): 351 (1838)

菌盖直径 3~8 cm，幼时扁半球形，成熟后平展中部下凹，稍具乳突，盖缘薄，内卷，菌盖边缘表面平滑，最终呈波形或有短条纹形，菌盖中央颜色较深，呈紫红色、血红色、玫瑰红色或洋红色，边缘或局部褪色至污乳黄色，湿时稍黏，干燥后无光泽。菌肉致密，白色。菌褶弯生至延生，密或较稀，有小菌褶混生，分叉。菌柄长 4~6 cm，直径 1~3 cm，近等粗或向下稍细，有时略扁，常偏生，白色带红色，受伤后变污黄色至黄色，表面平滑，幼时内实，成熟后松软。孢子印奶油色至浅赭色。孢子 6~9 μm × 5~8 μm，近球状至宽椭球状，部分球状和椭球状，淡黄色，有淀粉样纹饰，相对较小。

分布于北京市延庆区、河北省遵化市，林地上。具食药用性。

258. 中华桃红菇

Russula sinoparva C. L. Hou, H. Zhou, & G. Q. Cheng, Journal of Fungi 8 (12, 1283): 16 (2022)

菌盖直径 1.5~3 cm，幼时凸镜形，成熟后平展，边缘有由小疣组成的条纹，尖锐，菌肉薄，菌盖颜色浅粉红色至粉色，中央色深，深红色至强烈深红色，边缘剥离不明显，有时菌肉剥落。菌褶白色至浅黄褐色，易脆，不等长，几乎不分叉，有时具有小菌褶，菌柄长 2~5 cm，直径 0.8~1.5 cm，白色，有时具褐色，近圆柱状，光滑，坚实，向基部逐渐变粗。受伤后不变色。孢子 5~8 μm × 4~7 μm，近球状至宽椭圆状，有淀粉样纹饰，相对较小，淡黄色。

分布于北京市密云区、河北省兴隆县，林地上。食药用性未知。

259. 中华粗柄红菇

Russula sinorobusta C. L. Hou, H. Zhou, & G. Q. Cheng, Journal of Fungi 8 (12, 1283): 19 (2022)

菌盖直径5~8 cm，幼时半球形，成熟后平展，中间下凹，有时凸镜形，有时边缘稍微内弯，幼时表面光滑，成熟后具褶皱。菌盖呈灰红色至玫红色，中央颜色深，呈深红色。菌褶直生，白色至浅黄色，等长，不分叉，无小菌褶。菌柄长6~10 cm，直径1~4 cm，白色，中生，幼时空心，成熟后内实，上部至基部逐渐变粗，有径向条纹。菌肉白色，受伤后不变色。孢子5~7 μm×4~6 μm，近球状至宽椭圆状，有淀粉样纹饰，相对较小，无色。

分布于北京市昌平区，林地上。食药用性未知。

260. 近异红菇

Russula subversatilis C. L. Hou, H. Zhou, & G. Q. Cheng, Journal of Fungi 8 (12, 1283): 22 (2022)

菌盖直径3~5 cm，幼时半球形，成熟后平展，中部稍微下凹，边缘稍微内弯，表面湿时黏，易干燥，边缘有不明显条纹，菌肉白色，较薄。菌盖颜色边缘浅呈灰红色至深红色，中间颜色深，呈黄褐色至深红色。菌褶浅黄褐色，直生，菌盖边缘每厘米有5~7片菌褶，无小菌褶，不分叉。菌柄长3~6 cm，直径1~2 cm，圆柱状，白色，顶部和基部有浅黄色，中生，坚实。菌肉白色，受伤后不变色。孢子6~8 μm×5~7 μm，近球状至宽椭圆状，有淀粉样纹饰，相对较小，无色。

分布于北京市密云区，林地上。食药用性未知。

261. 细皮囊体红菇

Russula velenovskyi Melzer & Zvára, Arch. Přírod. Výzk. Čech 17 (4): 92 (1928)

菌盖直径 3~8 cm，幼时近球形至扁半球形，成熟后平展中部下凹，常具脐状凸起，盖缘钝圆至近尖锐，幼时内卷，后平直，无条纹，成熟后有短棱纹，菌盖表面呈红色、珊瑚红色、红铜色、砖红色、酒红色或肉红色，部分颜色较深，呈深红色至暗红色，或中央局部褪色至橙红色、粉红色、赭黄色或米黄色，湿时黏，干燥后无光泽。菌肉白色，成熟后和受伤后变奶油黄色至稻黄色。菌褶近离生，较密，边缘钝圆，不等长，稍具分叉，幼时白色，乳黄色，后赭黄色。菌柄长 3~11 cm，直径 1~2 cm，圆柱形，等粗，或在近菌褶处稍粗，白色，基部常带粉红色，幼时内实，成熟后松软而中空。孢子 6~10 μm × 6~9 μm，近球状至宽椭球状，部分球状和椭球状，微黄色至黄色，有淀粉样纹饰，相对较小。

分布于北京市怀柔区、延庆区及河北省赤城县，林地上。具食用性。

262. 多色红菇

Russula versicolor Jul. Schäff., Z. Pilzk. 10: 105 (1931)

菌盖直径 2~5 cm，幼时扁半球形，成熟后平展中部稍下凹，边缘钝圆，赤褐色至浅赤褐色，有时呈橄榄紫色，边缘黄褐色、酒红色至粉紫色，菌盖中央有时带灰绿色，形成同心色环，湿时黏，且有光泽，有条纹，菌盖表皮易剥离。菌肉白色，后变浅黄色。菌褶直径 3~7 mm，幼时密集，成熟后渐稀疏，白色，等长，具分叉，褶间具横脉，直生。菌柄长 2~6 cm，近菌盖处直径 8 mm，中生，圆柱状，白色，成熟后明显变黄色，有时带红褐色色斑，表面有明显皱纹，幼时内实，成熟后海绵质而中空。孢子 5~7 μm × 4~6 μm，宽椭球状至椭球状，部分近球形，微黄色至浅黄色，有淀粉样纹饰，相对较小。

分布于北京市延庆区、河北省赤城县，林地上。食药用性未知。

263. 堇紫红菇

Russula violacea Quél., C. R. Assoc. Franç. Avancem. Sci. 11: 397 (1883)

菌盖直径 3~7 cm，幼时扁半球形，后中央凸起，成熟后平展，中部多少有些下凹，盖缘钝圆，略有起伏，部分开裂，稍有条纹，通常浅紫色、堇紫色至丁香紫色，有时全部呈丁香紫色至紫红色。菌肉初坚实，后较脆，初白色，后污黄色，有浅褐色斑点，成熟后变浅褐色。菌褶弯生，中等密，较脆，初白色，后乳黄色，顶端钝圆，近柄处稍有分叉，褶间具横脉，无小菌褶。菌柄中生，近梭状至棒状，长 4~7 cm，直径 1~2 cm，白色，后略微变黄色，初内实，后松软。孢子 6~9 μm × 5~7 μm，近球状至宽椭球状，少数球状和椭球状，无色，有淀粉样纹饰，相对较小。

分布于北京市延庆区，林地上。具食用性。

264. 雾灵山红菇

Russula wulingshanensis C. L. Hou, H. Zhou, & G. Q. Cheng, Eur J Taxon 861: 194 (2023)

菌盖直径 1~6 cm，平展且中间下凹，表皮破裂，边缘光滑或具明显条纹，有时稍微内弯，边缘灰白色，灰紫色，中央浅红色、浅棕色或浅灰白色。菌褶白色，直生，易脆，无小菌褶，靠近菌柄处分叉，菌柄长 7~12 cm，直径 1~3 cm，中生至偏中生，近圆柱状，稍微向基部变粗，有径向条纹，白色，基部具黄褐色斑点。菌肉白色，受伤后不变色。气味恶臭，味道温和。孢子 5~7 μm × 4~6 μm，近球状至梭状，有淀粉样纹饰，相对较小，微黄色至浅黄色。

分布于河北省兴隆县，林地上。食药用性未知。

265. 燕山红菇

Russula yanshanensis C. L. Hou, H. Zhou, & G. Q. Cheng, Journal of Fungi 8 (12, 1283): 25 (2022)

菌盖直径 2~6 cm，幼时半球形至凸镜形，成熟后平展，中央稍微下凹，湿时较黏，易干燥，边缘无条纹或具不明显条纹。菌盖颜色边缘浅粉红色至粉红色，有时红色，中央浅黄色，黄褐色。菌褶白色至淡黄色，离生，不等长，无小菌褶。菌柄长 3~6 cm，白色，靠近基部有淡黄褐色，从上部至基部逐渐变粗，中生至近中生，空心，有径向条纹。孢子 5~8 μm × 5~6 μm，近球状至宽椭圆状，无色，有淀粉样纹饰，相对较小。

分布于北京市怀柔区、延庆区、密云区，林地上。食药用性未知。

裂褶菌科 Schizophyllaceae

266. 裂褶菌（八担柴、白花、天花菌、白参菌、树花）

Schizophyllum commune Fr., Observ. Mycol. (Havniae) 1: 103 (1815)

菌盖直径 5~20 mm，扇形，灰白色至黄棕色，被茸毛或粗毛，边缘内卷，常呈瓣状，具条纹，菌肉厚约 1 mm，白色，韧，无味。菌褶白色至棕黄色，不等长，褶缘中部纵裂成深沟纹。通常无菌柄。担孢子 5~7 μm × 2~3.5 μm，椭圆状或棒状，光滑，无色，非淀粉样。

分布于北京市昌平区、怀柔区、密云区、延庆区及河北省赤城县、兴隆县，腐木上。具食用性，幼嫩时可食；具药用性，可治疗神经衰弱、抗炎症、抗肿瘤。

硬皮马勃科 Sclerodermataceae

267. 大孢硬皮马勃

Scleroderma bovista Fr., Syst. Mycol. (Lundae) 3 (1): 48 (1829)

子实体直径 1~3 cm，不规则球形至扁球形，由白色根状菌索固定于地上，成熟时易从地表脱落。包被新鲜时呈奶油色、赭色、浅灰色至灰褐色，薄，有韧性，光滑或有鳞片，有时具不规则龟裂，新鲜时无特殊气味。产孢组织幼时灰白色，柔软，成熟时黑褐色或橄榄褐色，棉质粉状物。孢体暗青褐色。担孢子直径 10~18 μm，球状，有网棱，暗褐色。

分布于北京市延庆区，林地上。具食用性，幼时可食用；具药用性，可抗炎、止血。

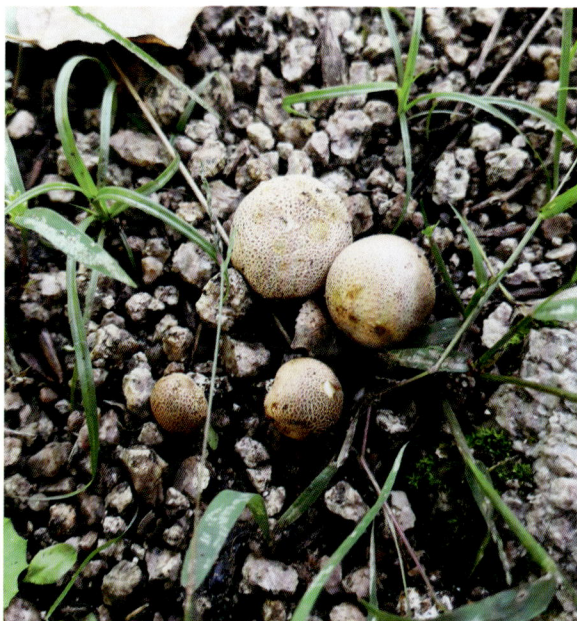

268. 光硬皮马勃

Scleroderma cepa Pers., Syn. Meth. Fung. (Göttingen) 1: 155 (1801)

子实体直径 1~2 cm，近球形至扁球形、梨形，黄白色至黄褐色，有青灰色至灰褐色裂片状鳞片，基部无柄至有一团根状菌索缢缩成柄状基。包被厚 1.5~3 mm，白色至带粉红色，受伤后变淡粉红色至粉红褐色或淡褐色，干后变薄，后期不规则开裂。外包被外卷或星状反卷。孢体初白色，松软，渐呈紫黑色，粉末状。担孢子直径 8~12 μm，球状至近球状，褐色，具长 1~2 μm 的小刺。

分布于北京市延庆区，林地上。有毒；具药用性，可解毒、消肿、止血。

韧革菌科 Stereaceae

269. 叠韧革菌

Stereum complicatum (Fr.) Fr., Epicr. Syst. Mycol. (Upsaliae): 548 (1838)

≡ *Thelephora complicata* Fr., Elench. Fung. (Greifswald) 1: 179 (1828)

= *Stereum complicatum* var. *laceratum* Peck, Ann. Rep. Reg. N.Y. St. Mus. 46: 137 (1894)

Stereum hirsutum var. *complicatum* (Fr.) Rick, Brotéria 9 (36): 46 (1940)

子实体直径可达 2 cm，扇形或半圆形，覆盖天鹅绒质地毛或有贴伏毛，呈棕褐色至橙棕色、粉红色或肉桂色。侧面着生，无柄。背面光滑，橙色。菌肉坚韧。孢子 5~7.5 μm × 2~3 μm，光滑，淀粉样。

分布于北京市怀柔区，腐木上。食药用性未知。

球盖菇科 Strophariaceae

270. 平田头菇

Agrocybe pediades (Fr.) Fayod, Annls Sci. Nat., Bot., Sér. 7 9: 358 (1889)

≡ *Agaricus pediades* Fr., Syst. Mycol. (Lundae) 1: 290 (1821)

= *Agaricus arenicola* Berk., London J. Bot. 2: 411 Bis (1843)

Agrocybe arenaria (Peck) Singer, Nova Hedwigia 29 (1-2): 227 (1978)

Derminus pediades (Fr.) Bucholtz, Bull. Soc. Imp. Nat. Moscou, Sér. 211 (2): 318 (1897)

Naucoria arenaria Peck, Bull. N.Y. St. Mus. 157: 29 (1912)

Simocybe pediades (Fr.) P. Karst., Bidr. Känn. Finl. Nat. Folk 32: 427 (1879)

菌盖直径 1~2 cm，幼时半球形，后扁平具凸起，表面淡茶色至浅黄色，光滑，湿时黏，边缘幼时内卷，后平展。菌肉白色至浅黄色，较薄，受伤不变色。菌褶弯生，幼时奶油色，成熟后变褐色至锈棕色，较密，不等长。菌柄长 2~5 cm，直径 1~2 mm，近圆柱状，中生，与菌盖同色，表面具小纤维，幼时实心，后变空心。菌环纤丝状，易消失。担孢子 11~14 μm × 7~8 μm，椭圆状，光滑，深褐色。

分布于北京市密云区，林地上。具食药用性，可抗肿瘤、抑菌。

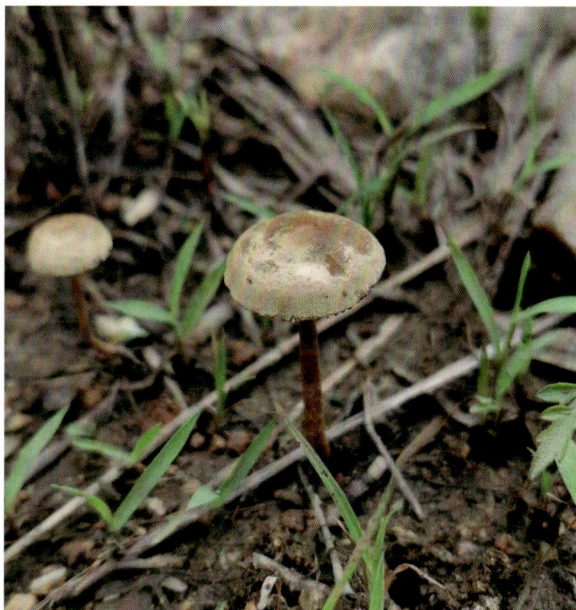

271. 粘滑菇（高山滑锈伞）

Hebeloma alpinum (J. Favre) Bruchet, Bull. mens. Soc. linn. Lyon 39 (6): 68 (1970)

= *Hebeloma crustuliniforme* var. *alpinum* J. Favre, Ergebn. Wiss. Unters. Schweiz. NatnParks 5 (33): 202 (1955)

Hebelomatis alpinum (J. Favre) Locq., Fl. Mycol., 3. Cortinariales-A.: 146 (1979)

子实体小型。菌盖直径 2~4 cm，幼时半球形后渐展开至平展，中部微凸起，表面光滑，中部呈浅黄色，边缘呈乳白色至灰白色，有时边缘内卷，边缘无条纹，非水浸状，不黏。菌肉薄，白色。菌褶弯生，密，不等长，肉桂色至赭棕色，褶缘浅色。菌柄中生，长 2~4.5 cm，直径 0.3~0.8 cm，白色，圆柱形，纤维质，空心，菌柄上部具白色粉霜，基部明显膨大。担孢子 10~14.5 μm × 5.5~8.5 μm，杏仁状至长椭圆状，黄棕色，表面有纹饰具疣突，无芽孔，拟糊精反应不明显，有时担孢子内含有油滴。

分布于北京市平谷区，林地上。食药用性未知。

272. 丹麦粘滑菇

Hebeloma danicum Gröger, Z. Mykol. 53 (1): 53 (1987)

菌盖圆锥形，边缘稍弯曲，扩大后凸起或平面，平滑。表面黏，菌盖中心红棕色至浅黄色，向边缘变成浅黄色至奶油色。菌肉在菌盖中心部分厚 1.5~2 cm，白色或浅黄色。菌褶贴生或具深波状，直径 0.3~0.5 cm，幼时带白色，成熟后变成浅棕色。菌柄黄白色至淡黄色，顶端具霜状鳞片，常具下弯褐色鳞片，实心。担孢子白色或带褐色，9~10 μm × 4.5~5.5 μm，椭圆状，具细点状瘤。

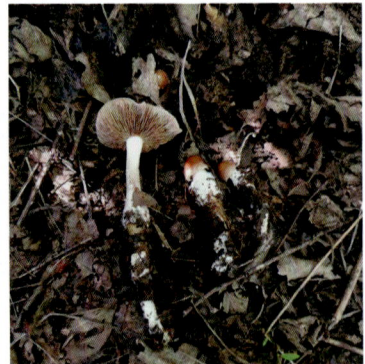

分布于北京市怀柔区，林地上。食药用性未知。

273. 脆柄粘滑菇

Hebeloma fragilipes Romagn., Bull. Trimest. Soc. Mycol. Fr. 81 (3): 341 (1965)

菌盖圆锥形，边缘稍弯曲，后来扩大至凸起或平面，平滑。菌盖中心土黄色至浅黄色，向边缘变成浅黄色至奶油色。菌肉在菌盖中心部分厚 1~2 cm，白色或浅黄色。菌褶贴生或具深波状，密，直径 0.3~1 cm，幼时带白色。菌柄黄白色至淡黄色，顶端具霜状鳞片，常具下弯褐色鳞片，实心。担孢子白色或带褐色，5~8 μm × 4.5~5.5 μm，椭圆状，具细点状瘤。

分布于北京市怀柔区，林地上。食药用性未知。

274. 亮粘滑菇（白缘滑锈伞）

Hebeloma leucosarx P. D. Orton, Trans. Br. Mycol. Soc. 43 (2): 244 (1960)

子实体小至中型。菌盖直径 2~4 cm，幼时圆锥形至半球形后渐展开至平展，幼时边缘内卷后渐平展，菌盖表面光滑，湿时较黏，边缘呈水浸状，中部呈淡肉桂色至黄棕色，边缘呈白色至乳白色，干后表面呈淡黄色至黄褐色，中部颜色较深。菌褶直生至弯生，较密，褶幅宽 1~5 mm，不等长，浅棕色。菌柄长 3~5 cm，直径 0.3~0.8 cm，圆柱形，有时基部稍膨大，空心，表面有条纹，菌柄上部具有白色粉霜或白色小茸毛，颜色较浅近灰白色，下部近淡黄色。担孢子 10~13 μm × 5~8 μm，长椭圆状至柠檬状，表面不光滑有疣突，无芽孔，具有明显拟糊精反应，有时孢子内含有油滴。

分布于河北省兴隆县，林地上。食药用性未知。

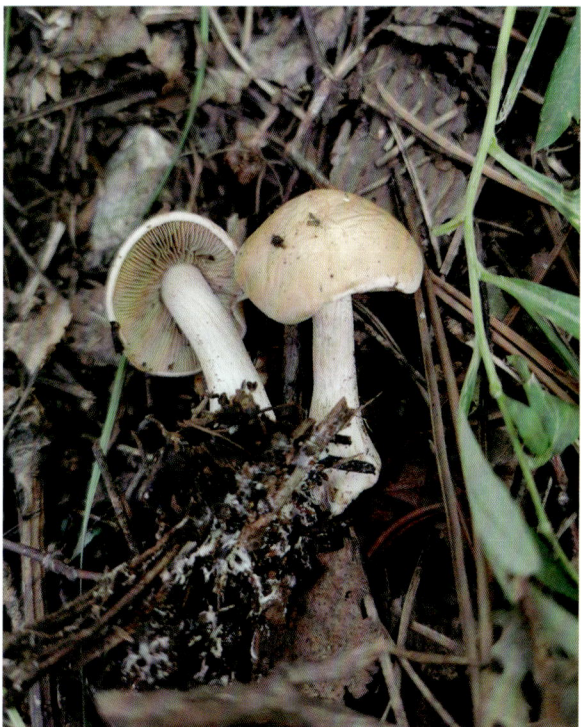

275. 拟脆柄黏滑菇

Hebeloma pseudofragilipes Beker, Vesterh. & U. Eberh., Fungal Biology 120 (1): 88 (2015)

菌盖直径 5~9 cm，有时微微隆起，表面略带黏性，中心呈黄色奶油色至黄褐色，边缘呈白色奶油色至浅黄褐色。菌褶呈凹形至贴生，相对疏离，边缘呈齿状，比菌褶表面色浅。菌柄中生，圆柱状，通常稍膨大，长 3~9 cm，直径 0.5~0.8 cm，白色或浅黄棕色，在接触或老化时从底部变色，表面干燥，顶端常有粉状或絮状物。孢子呈杏仁形，有时呈纺锤状或柠檬状，薄壁，具 1 个或多个油滴，表面具纹饰，黄褐色至橙褐色，9~12 μm × 4~7 μm。

分布于北京市怀柔区，林地上。食药用性未知。

276. 多脂鳞伞（黄伞）

Pholiota adiposa (Batsch) P. Kumm., Führ. Pilzk. (Zerbst): 84 (1871)

≡ *Agaricus adiposus* Batsch, Elench. Fung. (Halle): 147 (1786)

− *Dryophila adiposa* (Batsch) Quél., Enchir. Fung. (Paris): 68 (1886)

Hypodendrum adiposum (Batsch) Overh., N. Amer. Fl. (New York) 10 (5): 279 (1932)

菌盖直径 4~8 cm，幼时扁半球形，成熟后平展，中部稍凸起，湿时黏至胶黏，干燥时有光泽，柠檬黄色、污黄色或黄褐色，边缘幼时内卷，常挂有纤毛状菌幕残片。菌肉厚，致密，白色至淡黄色。菌褶近弯生至直生，稍密，黄色至锈黄色。菌柄长 3~9 cm，直径 0.5~1.2 cm，中生，表面黏，等粗或向下稍细，与菌盖表面同色，纤维质。担孢子 6~7.5 μm × 3~4.5 μm，卵圆状至椭圆状，薄壁，光滑，锈褐色。

分布于北京市延庆区，树干上。具食药用性，可抗菌、提高免疫力。

277. 柠檬鳞伞

Pholiota limonella (Peck) Sacc., Syll. Fung. (Abellini) 5: 753 (1887)

≡ *Agaricus limonellus* Peck, Ann. Rep. N.Y. St. Mus. Nat. Hist. 31: 33 (1878)

= *Hypodendrum limonellum* (Peck) Murrill, Mycologia 4 (5): 261 (1912)

Pholiota ceriferoides P. D. Orton, Trans. Br. mycol. Soc. 91 (4): 565 (1988)

Pholiota subsquarrosa var. *limonella* (Peck) Rick, Lilloa 3: 405 (1938)

菌盖直径 2.5~6 cm，凸镜形或近平展，有时具脐凸，柠檬黄色，具散生浅红色或黄褐色鳞片，黏，菌肉薄，黄色。菌褶直生至稍弯生，近白色，渐变成铁锈色，窄，密。菌柄长 3~6 cm，直径 3~7 mm，灰白色或浅黄色，具散生反卷的黄色鳞片，菌环以上光滑，等粗。菌幕形成丛毛状易消失的黄色菌环。担孢子 6.5~8 μm×4.5~5.2 μm，卵圆状至椭圆状，光滑，芽孔明显，顶端稍平截，壁厚。

分布于北京市延庆区，树干上。食药用性未知。

278. 铜绿球盖菇

Stropharia aeruginosa (Curtis) Quél., Mém. Soc. Émul. Montbéliard, Sér. 25: 141 (1872)

≡ *Agaricus aeruginosus* Curtis, Fl. Londin. 2: Tab. 309 (1782)

= *Geophila aeruginosa* (Curtis) Quél., Enchir. Fung. (Paris): 111 (1886)

Pratella aeruginosa (Curtis) Gray, Nat. Arr. Brit. Pl. (London) 1: 626 (1821)

Psalliota aeruginosa (Curtis) P. Kumm., Führ. Pilzk. (Zerbst): 73 (1871)

Stropharia acuminata (Scop.) Murrill, Mycologia 14 (3): 128 (1922)

Stropharia alpina (M. Lange) M. Lange, Bot. Tidsskr. 75: 8 (1980)

菌盖直径 3~5 cm，钟形至半球形，后逐渐平展，中部凸起，有时平或微陷，幼时菌盖表面覆层黏液，并具有白色棉毛状小鳞片，铜绿色至绿色，干燥时随着黏液层的消失盖色变成黄绿色或灰褐绿色，通常菌盖表面铜绿色至绿色上具有不均匀黄色斑点。菌肉白色。菌褶直生至弯生，幼时灰白色逐渐变成灰紫褐色。菌柄长 4~7.5 cm，直径 4~8 mm，等粗或向上渐细，基部具有白色菌索。菌环上位或中位，膜质，担孢子 8~9.5 μm × 5~6 μm，球状，光滑，易脱落淡灰褐色。

分布于北京市延庆区，林地上。具食用性，但不建议食用。

乳牛肝菌科 Suillaceae

279. 点柄乳牛肝菌（点柄黏盖牛肝、栗壳牛肝菌）

Suillus granulatus (L.) Roussel, Fl. Calvados: 34 (1796)

≡ *Boletus granulatus* L., Sp. Pl. 2: 1177 (1753)

= *Agaricus granulatus* (L.) Lam., Encycl. Méth. Bot. 1 (1): 51 (1783)

Boletus lactifluus (With.) J. Blum, Bull. trimest. Soc. Mycol. Fr. 85 (1): 43 (1969)

Leccinum lactifluum (With.) Gray, Nat. Arr. Brit. Pl. (London) 1: 647 (1821)

菌盖直径 4~8 cm，扁半球形或近扁平，有时呈圆柱形，后变为凸镜形，淡黄色或黄褐色黏，新鲜时橘黄色至褐红色，干燥后有光泽，变为黄褐色至红褐色，边缘钝或锐，内卷。菌肉新鲜时奶油色，后淡黄色。菌管直生或稍延生，黄白色至黄色。孔口新鲜时浅黄色至黄色，干燥后变为黄褐色。菌柄长 3~8 cm，直径 0.8~1.6 cm，近圆柱状，幼时上部浅黄色至黄色，有腺点，中部褐橘黄色，基部浅黄色至黄色。担孢子 6.5~9.5 μm × 3.5~4 μm，球状光滑，黄褐色。

分布于北京市延庆区，林地上。具食用性，有毒，煮熟后可食用，但易造成肠胃不适，不建议食用。具药用性，可治疗大骨节病、抗肿瘤。

280. 厚环乳牛肝菌

Suillus grevillei (Klotzsch) Singer, Farlowia 2 (2): 259 (1945)

≡ *Boletus grevillei* Klotzsch, Linnaea 7: 198 (1832)

= *Boletinus grevillei* (Klotzsch) Pomerl., Naturaliste Can. 107: 303 (1980)

Boletus clintonianus Peck, Ann. Rep. Reg. N.Y. St. Mus. 23: 128 (1872)

Ixocomus elegans (P. Karst.) Singer, Revue Mycol., Paris 3 (2): 39 (1938)

Suillus clintonianus (Peck) Kuntze, Revis. Gen. Pl. (Leipzig) 3 (3): 535 (1898)

菌盖直径 4~7 cm，幼时扁半球形，成熟后中央凸起，新鲜时橘黄色至红褐色，黏，干燥后深褐色，有时边缘有菌幕残片附着。菌肉新鲜时淡黄色，干燥后深褐色。菌管直生或近延生，幼时色淡，新鲜时橘黄色，干燥后呈淡灰黄色、淡褐黄色或深褐色。孔口直径 1~3 mm，与菌管同色。菌柄长 4~6 cm，直径 0.5~1.5 cm，圆柱状，黄色淡褐色至与菌盖同色，顶端有网纹，基部颜色较浅。菌环上位，厚，白黄色，易脱落。担孢子 7.5~10 μm × 3~4 μm，长球状或近纺锤状，光滑，带橄榄黄色。

分布于北京市延庆区，林地上。具食药用性，可治疗腰痛、四肢麻木，抗肿瘤。

281. 褐环乳牛肝菌

Suillus luteus (L.) Roussel, Fl. Calvados: 34 (1796)

≡ *Boletus luteus* L., Sp. Pl. 2: 1177 (1753)

= *Boletus luteus* Grev., Scott. Crypt. Fl. (Edinburgh) 4: 183 (1825)

Boletus volvatus Batsch, Elench. Fung. (Halle): 99 (1783)

Suillus annulatus Poiret, in Lamarck, Encycl. Méth. Bot. (Paris) 7: 496 (1806)

菌盖扁半球形至近扁平状，直径 3~12 cm，湿时黏滑，淡黄色或黄褐色，干燥后有光泽。菌肉淡黄色，受伤后不变色。菌管鲜黄色，管口三角形，直生或延生，不易分离。菌柄近柱状，淡黄褐色，长 3~6 cm，全柄略等粗或下部稍粗，直径 0.9~2 cm，实心，菌柄上部常具小腺点。菌环在菌柄上部，易脱落，孢子印淡黄褐色至黄褐色，球状至椭球状，7.1~10 μm × 2.8~3.5 μm。

分布于北京市门头沟区，林地上。具食用性，有毒，煮熟后可食用，但易造成肠胃不适，不建议食用。具药用性，可治疗大骨节病，抗肿瘤。

282. 灰乳牛肝菌

Suillus viscidus (L.) Roussel, Fl. Calvados: 34 (1796)

≡ *Boletus viscidus* L., Sp. Pl. 2: 1177 (1753)

= *Boletopsis sordida* Beck, Z. Pilzk. 2 (7): 148 (1923)

Ixocomus viscidus (L.) Quél., Fl. Mycol. France (Paris): 416 (1888)

Strobilomyces viscidus (L.) P. Karst., Bidr. Känn. Finl. Nat. Folk 37: 16 (1882)

Solenia viscida (L.) Kuntze, Revis. Gen. Pl. (Leipzig) 3 (3): 522 (1898)

菌盖直径 4~9 cm，半球形至平展，中央凸起，污白色至灰绿色，稍黏，具褐色易脱落块状鳞片，边缘稍内卷。菌肉乳白色，较厚，受伤后近柄处微变绿色。菌管延生，幼时呈白色至灰白色，成熟后变褐色。孔口直径 1~2 mm，多角形，放射状排列，不易与菌肉分离，与菌管同色，受伤后略变青绿色。菌柄长 5~7 cm，直径 1~1.8 cm，圆柱状，基部膨大粗糙，形成网纹，灰色至污褐色，实心，内部菌肉切开后微变绿色。菌环上位膜质，有时略带红色，易消失。担孢子 11~14 μm×4.5~6 μm，长球状，光滑，薄壁，近无色至淡黄色。

分布于河北省赤城县，林地上。具食药用性，可抗肿瘤。

小塔氏菌科 Tapinellaceae

283. 黑毛小塔氏菌（黑毛桩菇）

Tapinella atrotomentosa (Batsch) Šutara, Česká Mykol. 46 (1-2): 50 (1992)

≡ *Agaricus atrotomentosus* Batsch, Elench. Fung. (Halle): 89 (1783)

= *Paxillus atrotomentosus* (Batsch) Fr., Epicr. Syst. Mycol. (Upsaliae): 317 (1838)

　Sarcopaxillus atrotomentosus (Batsch) Zmitr., Malysheva & E. F. Malysheva, in Zmitrovich, Malysheva, Malysheva & Spirin, Folia Cryptog. Petropolitana (Sankt-Peterburg) 1: 53 (2004)

子实体中型，菌盖直径 2~5 cm，扁半球形，后扁平中部下凹，污黄褐色至烟褐色，被细茸毛，边缘内卷。菌肉厚，黄白色。菌褶黄色至褐黄色，干后部分变黑，稍密，不等长，延生，有横脉，褶幅窄。菌柄长 2~4 cm，直径 1~2 cm，圆柱状，实心，栗褐色，具细茸毛。孢子光滑，淡黄色，椭圆状至卵圆状，4~6 μm × 3~5μm。无囊状体。具锁状联合。

分布于北京市延庆区，松果上。有毒；具药用性，可抑菌。

284. 耳状小塔氏菌（耳状网褶菌）

Tapinella panuoides (Fr.) E.-J. Gilbert, Les Livres du Mycologue Tome Ⅰ-Ⅳ, Tom. Ⅲ: Les Bolets: 68 (1931)

≡ *Agaricus panuoides* Fr., Observ. Mycol. (Havniae) 2: 227 (1818)

= *Agaricus acheruntius* Humb., Fl. Friberg. Spec. (Berlin): 73 (1793)

Paxillus panuoides (Fr.) Fr., Epicr. Syst. Mycol. (Upsaliae): 318 (1838)

Rhymovis panuoides (Fr.) Rabenh., Deutschl. Krypt.-Fl. (Leipzig) 1: 453 (1844)

菌盖直径 2~6 cm，花瓣状至扇形，棕褐色至黄褐色，基部具粗毛状物，其余部分具茸毛，边缘常浅裂或波状。菌肉灰白色，幼时韧，成熟后松软。菌褶延生，密，窄辐射状生长，弯曲，具横脉，在基部形成网状，乳黄色后渐变为杏黄色至棕褐色，边缘平滑。无菌柄。担孢子 4~5.5 μm × 3~3.5 μm，宽圆状，光滑，浅黄色或浅褐色。

分布于北京市怀柔区，腐木上。有毒。

革菌科 Thelephoraceae

285. 石竹色革菌

Thelephora caryophyllea (Schaeff.) Pers., Syn. Meth. Fung. (Göttingen) 2: 565 (1801)

≡ *Helvella caryophyllea* Schaeff., Fung. Bavar. Palat. Nasc. (Ratisbonae) 4: 115 (1774)

= *Auricularia caryophyllea* (Schaeff.) Bull., Herb. Fr. (Paris) 6: Pl. 278 (1786)

Craterella caryophyllea (Schaeff.) Gray, Nat. Arr. Brit. Pl. (London) 1: 652 (1821)

Merulius caryophylleus (Schaeff.) With., Bot. Arr. Brit. Pl., Edn 2 (London) 3: 283 (1792)

子实体一年生，新鲜时无味道，菌盖呈钟形或凹腹形，表面有时呈浅褐色至深栗褐色，呈明显带状，干燥后表面呈亚光或光滑，直径为 1~3 cm，中央部分厚约 0.2 mm，边缘部分较薄，边缘呈整齐波状。子实层光滑，有时呈放射状条纹，褐色至浅黄褐色或紫色，干燥后变为淡色或脆弱质地。菌柄中生，圆柱状，呈鹿皮色，长 1~3 cm，基部膨胀。孢子宽椭圆状，厚壁，具刺，7~8 μm × 5~6 μm。

分布于河北省赤城县，腐木上。食药用性未知。

口蘑科 Tricholomataceae

286. 碱绿杯伞

Clitocybe alkaliviolascens Bellù, Beih. Sydowia 10: 29 (1995)

子实体小至中型，污白色至淡黄色，或橙黄色，略带棕色。菌盖直径 2~5 cm，中部下凹呈杯状，有时呈土黄色。菌褶密而薄，在菌柄上延生。菌柄长 2~6 cm，直径 0.5~1 cm，柱状，基部有茸毛。孢子无色，光滑，卵圆状或近球状，4~6 μm×4~5 μm。

分布于北京市延庆区，林地上的食药用性未知。

287. 毒杯伞

Clitocybe cerussata (Fr.) P. Kumm., Führ. Pilzk. (Zerbst): 122 (1871)

≡ *Agaricus cerussatus* Fr., Syst. Mycol. (Lundae) 1: 92 (1821)

= *Agaricus dilatatus* Pers., Mycol. Eur. (Erlanga) 3: 115 (1828)

Clitocybe cerussata (Fr.) P. Kumm., Führ. Pilzk. (Zerbst): 122 (1871)

Clitocybe dilatata P. Karst., Hedwigia 28: 363 (1889)

Clitocybe monstrosa Cooke, Forsch. PflKr., Tokyo: 53 (1883)

子实体小型，白色。菌盖直径 3~7 cm，中部下凹呈杯状。菌褶密而薄，在菌柄上延生。菌柄长 3~6 cm，直径 0.5~1 cm，柱状，基部有茸毛。孢子无色，光滑，卵圆状或近球状，5~6 μm×4~5 μm。

分布于北京市延庆区，林地上。有毒。

288. 落叶杯伞（白杯伞）

Clitocybe phyllophila (Pers.) P. Kumm., Führ. Pilzk. (Zerbst): 122 (1871)

= *Agaricus cerussatus* Fr., Syst. Mycol. (Lundae) 1: 92 (1821)

Agaricus obtextus Lasch, Linnaea 3: 378 (1828)

Clitocybe cerussata (Fr.) P. Kumm., Führ. Pilzk. (Zerbst): 122 (1871)

子实体小至中型，近乎白色。菌盖直径 5~10 cm。幼时扁球形，成熟后中部下凹呈浅杯状。菌褶白色，在菌柄上延生。菌柄长 5~7 cm，直径 0.5~1 cm，较细，常弯曲，基部有茸毛。孢子光滑，椭圆状，5~7.5 μm × 3~4 μm。

分布于北京市延庆区，林地上。有毒。

289. 铲状杯伞

Clitocybe trulliformis (Fr.) P. Karst., Bidr. Känn. Finl. Nat. Folk 32: 72 (1879)

≡ *Agaricus trulliformis* Fr., Syst. Mycol. (Lundae) 1: 174 (1821)

子实体小至中型，污白色至淡棕色，略带土黄色。菌盖直径 2~5 cm，中部下凹呈杯状。菌褶密而薄，在菌柄上延生。菌柄长 2~5 cm，直径 0.5~1 cm，柱形，基部有茸毛。孢子无色，光滑，卵圆状或近球状，4~5 μm × 3~4 μm。

分布于北京市怀柔区，林地上。食药用性未知。

290. 具核金钱菌

Collybia cookei (Bres.) J. D. Arnold, Mycologia 27 (4): 413 (1935)

= *Collybia cirrata* var. *cookei* Bres., Iconogr. Mycol. 5: Tab. 206 (1928)

Sclerotium fungorum Pers., Syn. Meth. Fung. (Göttingen) 1: 120 (1801)

子实体小型。菌盖直径 1~3 cm，半球形至近平展，中部稍凸，有时成熟后边缘翻起，白色或污白色至土黄色，光滑，湿润时具不明显条纹。菌肉白色，薄。菌褶白色，直生至近离生，较密，不等长。菌柄细长，长 2~5 cm，直径 0.2~0.6 cm，圆柱状，浅褐色，纤维质，空心，基部具白色茸毛。孢子无色，光滑，椭圆状。

分布于北京市延庆区，林地上。食药用性未知。

291. 栎裸脚菌

Collybia dryophila (Bull.) P. Kumm., Führ. Pilzk. (Zerbst): 115 (1871)

子实体小型。菌盖直径 2~6 cm，半球形至近平展，中部稍凸，有时成熟后边缘翻起，白色至浅土黄色，光滑，湿润时具不明显条纹，边缘和中央颜色较深。菌肉白色，薄。菌褶白色，直生至近离生，较密，不等长。菌柄细长，长 3~6 cm，直径 0.2~1 cm，圆柱状，浅褐色，纤维质，空心，基部具白色茸毛。孢子无色，光滑，椭圆状。

分布于北京市延庆区，林地上。食药用性未知。

292. 碱紫漏斗杯伞

Infundibulicybe alkaliviolascens (Bellù) Bellù, Bresadoliana 1 (2): 6 (2012)

≡ *Clitocybe alkaliviolascens* Bellù, Beih. Sydowia 10: 29 (1995)

子实体直径 30~100 mm，淡黄色、黄褐色或污白色，成熟时深褐色，边缘颜色较浅。幼时呈碟形，成熟时中心中空，呈漏斗形。菌柄 40~70 mm×5~20 mm，圆柱状，通常弯曲，基部较宽，淡黄至淡褐色，红褐色，有时被白色棉状结构覆盖，基部较密，具条纹，有时基部膨胀。孢子 6~9 μm×3.5~5 μm，薄壁，椭圆状，透明，光滑或稍有装饰。担子 25~35 μm×6.5~8.5 μm，杆状，透明，颗粒状，4 孢子。

分布于北京市怀柔区，林地上。食药用性未知。

293. 深凹漏斗杯伞

Infundibulicybe gibba (Pers.) Harmaja, Ann. Bot. fenn. 40 (3): 217 (2003)

= *Agaricus gibbus* Pers., Syn. Meth. Fung. (Göttingen) 2: 449 (1801)

Clitocybe gibba (Pers.) P. Kumm., Führ. Pilzk. (Zerbst): 123 (1871)

子实体直径 10~80 mm，淡黄色、黄褐色或淡褐色，成熟时褐色，边缘颜色较浅。幼时呈碟形，成熟时中心中空，呈深漏斗形。菌柄 20~80 mm×5~10 mm，圆柱状，通常弯曲，基部较宽，淡黄至淡褐色，红褐色，有时被白色棉状结构覆盖，基部较密，具条纹，有时基部膨胀。孢子薄壁，椭圆状，透明，光滑或稍有装饰。担子杆状，透明，颗粒状，4 孢子。

分布于北京市怀柔区、门头沟区，林地上。食药用性未知。

294. 裸香蘑（紫丁香蘑）

Lepista nuda (Bull.) Cooke, Handb. Brit. Fungi 1: 192 (1871)

= *Agaricus bicolor* Pers., Syn. Meth. Fung. (Göttingen) 2: 281 (1801)

Clitocybe nuda (Bull.) H. E. Bigelow & A. H. Sm., Brittonia 21 (1): 52 (1969)

Gyrophila nuda (Bull.) Quél., Enchir. Fung. (Paris): 17 (1886)

子实体中型。菌盖直径 3.5~10 cm，半球形至平展，有时中部下凹，亮紫色或丁香紫色变至褐紫色，光滑，湿润，边缘内卷，无条纹。菌肉淡紫色，较厚。菌褶紫色，直生至稍延生，往往边缘呈小锯齿状，密，不等长。菌柄长 4~9 cm，直径 0.5~2 cm，圆柱状，同菌盖色，幼时上部有絮状粉末，下部光滑或具纵条纹，内实，基部稍膨大。孢子无色，椭圆状，近光滑至具小麻点，5~7.5 μm×3~5 μm。

分布于北京市怀柔区、延庆区，林地上。具食药用性。

295. 斑褶香蘑

Lepista panaeola (Fr.) P. Karst., Bidr. Känn. Finl. Nat. Folk 32: 481 (1879)

子实体中型。菌盖直径 3~10 cm，半球形至平展，有时中部下凹，白色，污白色至灰白色，光滑，湿润，边缘内卷，无条纹。菌肉白色，较厚。菌褶白色，直生至稍延生，通常边缘呈小锯齿状，密，不等长。菌柄长 3~10 cm，直径 1~3 cm，圆柱状，与菌盖同色，下部光滑或具纵条纹，内实，基部稍膨大。孢子无色，椭圆状，近光滑至具小麻点。

分布于北京市延庆区，林地上。食药用性未知。

296. 林缘香蘑

Lepista panaeolus (Fr.) P. Karst., Bidr. Känn. Finl. Nat. Folk 32: 481 (1879)

= *Agaricus calceolus* (Fr.) Fr., Icon. Sel. Hymenomyc. 1 (7-8): 73 (1873)

Agaricus panaeolus Fr., Epicr. Syst. Mycol. (Upsaliae): 49 (1838)

Gyrophila panaeolus (Fr.) Quél., Enchir. Fung. (Paris): 17 (1886)

子实体中型。菌盖直径 3~10 cm，半球形至平展，有时中部下凹，白色或污白色至灰白色，光滑，湿润，边缘内卷，成熟后翻卷。菌肉白色，较厚。菌褶白色，直生至稍延生，通常边缘呈小锯齿状，密，不等长。菌柄长 3~8 cm，直径 1~2 cm，圆柱状，与菌盖同色，下部光滑或具纵条纹，内实，基部稍膨大。孢子无色，椭圆状，近光滑，5~8 μm × 3~5 μm。

分布于北京市怀柔区，林地上。食药用性未知。

297. 胡椒香蘑

Lepista piperita G. Stev., Kew Bull. 19 (1): 6 (1964)

子实体中型。菌盖直径 2~5 cm，半球形至平展，有时中部下凹，白色，污白色至灰白色，略带褐色，光滑，湿润，边缘内卷。菌肉白色，较厚。菌褶白色，直生至稍延生，通常边缘呈小锯齿状，不等长。菌柄长 3~6 cm，直径 1~2 cm，圆柱状，弯曲，与菌盖同色，下部光滑或具纵条纹，内实，基部稍膨大。孢子无色，椭圆状，近光滑，4~7 μm × 2~5 μm。

分布于北京市昌平区，林地上。食药用性未知。

298. 紫晶香蘑（花脸香蘑）

Lepista sordida (Schumach.) Singer, Lilloa 22: 193 (1951)

= *Agaricus nudus* var. *praticola* Alb. & Schwein., Consp. Fung. (Leipzig): 152 (1805)

Lepista domestica Murrill, Mycologia 7 (2): 106 (1915)

Tricholoma sordidum (Schumach.) P. Kumm., Führ. Pilzk. (Zerbst): 134 (1871)

Melanoleuca sordida (Schumach.) Murrill, Mycologia 6 (1): 3 (1914)

子实体小型。菌盖直径 2~7.5 cm，扁半球形至平展，有时中部稍下凹，薄，湿润时半透明状或水浸状，紫色。边缘内卷，具不明显条纹，常呈波状或瓣状。菌肉带淡紫色，薄。菌褶淡蓝紫色，直生或孪生，有时稍延生，稍稀，不等长。菌柄长 3~6.5 cm，直径 0.2~1 cm，与菌盖同色，靠近基部常弯曲，内实。孢子印带粉红色。孢子无色，具麻点至粗糙，椭圆状至近卵圆状，6~10 μm × 3~5 μm。

分布于北京市昌平区，林地上。具食用性。

299. 短柄铦囊菌

Melanoleuca brevipes (Bull.) Pat., Essai Tax. Hyménomyc. (Lons-le-Saunier): 158 (1900)

= *Agaricus brevipes* Bull., Herb. Fr. (Paris) 11: Pl. 521 (1791)

Gymnopus brevipes (Bull.) Gray, Nat. Arr. Brit. Pl. (London) 1: 609 (1821)

Gyrophila brevipes (Bull.) Quél., Enchir. Fung. (Paris): 18 (1886)

*Tricholoma brevipes (*Bull.) P. Kumm., Führ. Pilzk. (Zerbst): 133 (1871)

子实体小至中型。菌盖直径 5~10 cm，幼时半球形至扁半球形，后期平展，中部下凹，有时中央具凸起，表面光滑或有小鳞片，通常呈水浸状，湿润时灰褐至浅褐色，中部呈暗褐色，干燥时变赭褐色，边缘内卷至内弯曲。菌肉白色至奶油黄色，较厚，具香气。菌褶幼时浅奶油黄色，成熟后灰色至带灰紫褐色，稍弯生至近延生，较宽，等长。菌柄长 2.5~5 cm，直径 0.6~1.2 cm，近圆柱状，褐色至带紫褐色，基部近棒状，而顶端稍膨大，有细条纹及纤毛状鳞片，且靠近基部棕褐色。菌肉有深色条纹，内部松软。孢子无色，粗糙，有小疣，宽椭圆状，6.5~10 μm×4.5~7 μm。褶侧囊状体近棒状或梭状，有隔，顶端有结晶附属物。

分布于北京市延庆区，林地上。具食用性。

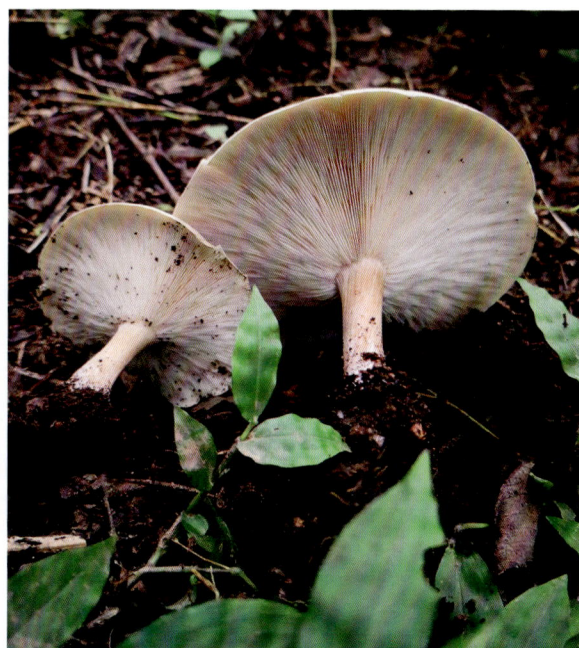

300. 灰铦囊菌

Melanoleuca cinereifolia (Bon) Bon, Docums Mycol. 9 (33): 71 (1978)

= *Melanoleuca cinereifolia* var. *maritima* Huijsman Ex Bon, Docums Mycol. 16 (61): 46 (1985)

Melanoleuca maritima Huijsman, in Courtecuisse, Docums Mycol. 15 (57-58): 36 (1985)

Melanoleuca strictipes var. *cinereifolia* Bon, Bull. Trimest. Soc. Mycol. Fr. 86 (1): 155 (1970)

子实体小至中型。菌盖直径 3~8 cm，幼时扁半球形，后期平展，有时中央具凸起，表面光滑或有小鳞片，通常呈水浸状，湿润时灰褐至浅褐色，中部暗褐色，干燥时变赭褐色，边缘内卷至内弯曲。菌肉白色至奶油黄色，较厚，具香气。菌褶幼时浅奶油黄色，成熟后灰色至带灰紫褐色，稍弯生至近延生，较宽，等长。菌柄长 2~5 cm，直径 0.5~1 cm，近圆柱状，褐色，基部近棒状。孢子无色，粗糙，有小疣，宽椭圆状，5~8 μm × 4~7 μm。褶侧囊状体近棒状或梭状，有隔，顶端有结晶附属物。

分布于北京市延庆区，林地上。具食用性。

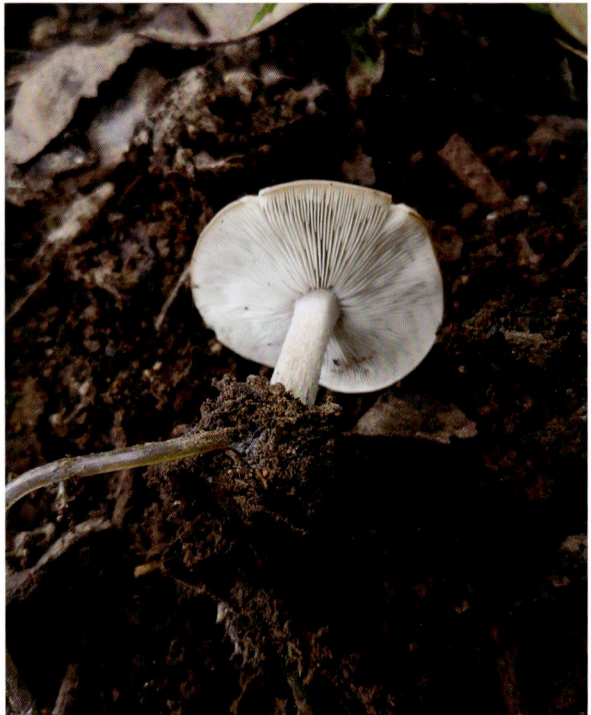

301. 近亲铦囊蘑（铦囊蘑）

Melanoleuca cognata (Fr.) Konrad & Maubl., Icon. Select. Fung. 3 (2): Pl. 271 (1927)

≡ *Agaricus arcuatus* var. *cognatus* Fr., Hymenomyc. Eur. (Upsaliae): 70 (1874)

= *Tricholoma cognatum* (Fr.) Gillet, Hyménomycètes (Alençon): 124 (1874)

子实体小至中型。菌盖直径 3~6.5 cm，幼时近钟形，成熟后渐平展，中部稍凸，表面灰白色至烟灰色，光滑，近水浸状，边缘平滑。菌肉白色，薄。菌褶白色，弯生，稍密，不等长。菌柄长 4~8 cm，直径 0.4~1 cm，圆柱状，与菌盖同色，光滑，基部稍膨大，内部松软。孢子印白色。孢子无色，具小疣，椭圆状，8~12 μm × 5~5.5 μm。褶侧囊体近梭状，顶部具鱼叉状附属物，55~70 μm × 9~12 μm。

分布于北京市延庆区，林地上。具食用性。

302. 普通铦囊菌

Melanoleuca communis Sánchez-García & J. Cifuentes, Revta Mex. Micol., Suplem.-Micol.: S116 (2013)

子实体小型。菌盖直径 2~5 cm，近钟形，中部稍凸，表面灰白色至灰褐色，光滑，近水浸状，边缘平滑。菌肉白色。菌褶白色，弯生，稍密，不等长。菌柄长 2~6 cm，直径 0.3~0.5 cm，圆柱状，与菌盖同色，光滑，基部稍膨大，内部松软。孢子印白色。孢子无色，具小疣，椭圆状，5~12 μm × 5~7 μm。

分布于北京市延庆区，林地上。具食用性。

303. 白漏斗辛格杯伞

Singerocybe alboinfundibuliformis (Seok, Yang S. Kim, K. M. Park, W. G. Kim, K. H. Yoo & I.C. Park) Zhu L. Yang, J. Qin & Har. Takah, Mycologia 106 (5): 1022 (2014).

≡ *Clitocybe alboinfundibuliformis* Seok, Yang S. Kim, K. M. Park, W. G. Kim, K. H. Yoo & I. C. Park, Mycobiology 37 (4): 295 (2009)

= *Clitocybe trogioides* var. *odorifera* Har. Takah., Mycoscience 41 (1): 15 (2000)

菌盖直径 20~40 mm，幼嫩时为平面，脐状至稍内卷，明显下凹，表面白色至奶油色或淡褐色，边缘较浅，通常呈白色，成熟时通常呈波浪状纹理，薄，白色至奶油色。菌褶下延，密集，乳白色至脏白色。菌柄 30~50 μm × 3~6 μm，奶油色至饼干色，圆柱状，基部稍加厚。孢子 5~8 μm × 3~5 μm，呈椭圆状，光滑，无色，透明，薄壁，非淀粉样。

分布于北京市延庆区、怀柔区、昌平区，林地上。食药用性未知。

304. 银盖口蘑

Tricholoma argyraceum (Bull.) Gillet, Hyménomycètes (Alençon): 103 (1874)

≡ *Agaricus argyraceus* Bull., Herb. Fr. (Paris) 9: Pl. 423 (1789)

= *Tricholoma inocybeoides* A. Pearson, Trans. Br. Mycol. Soc. 22 (1-2): 29 (1938)

子实体小至中型。菌盖直径 2~7 cm，半球形至扁平及平展，污白至灰白或银白色，有灰色鳞片，中部色深。菌肉白色带灰，较厚。菌褶污白色，或有色斑，弯生，较密。菌柄较粗，长 4~8 cm，直径 0.5~1.2 cm，白色带灰色。孢子无色，近球状，5~6 μm × 3~4 μm。

分布于北京市昌平区，林地上。具食用性。

305. 鳞盖口蘑

Tricholoma imbricatum (Fr.) P. Kumm., Führ. Pilzk. (Zerbst): 133 (1871)

≡ *Agaricus imbricatus* Fr., Observ. Mycol. (Havniae) 1: 27 (1815)

= *Cortinellus imbricatus* (Fr.) P. Karst., Bidr. Känn. Finl. Nat. Folk 32: 27 (1879)

   Gyrophila imbricata (Fr.) Quél., Enchir. Fung. (Paris): 12 (1886)

   Tricholoma fusipes Kosina, Mykologický Sborník 64 (5): 149 (1987)

子实体中型。菌盖直径 5~8 cm，扁半球形至近平展，中部稍凸起，浅枯叶色至淡褐色，具平伏的褐色纤毛状鳞片，不黏，边缘幼时内卷，具有细纤毛。菌肉白色变红或具红色斑点，较厚。菌褶近白色，弯生，稍密，较宽，不等长。菌柄长 5~9 cm，直径 1~1.5 cm，圆柱状或近圆柱状，顶部白色，下部渐褐色，基部膨大且向下渐细。孢子无色，光滑，宽椭圆形，6~7 μm×3.5~5 μm。

分布于北京市怀柔区，林地上。具食用性。

306. 杨树口蘑

Tricholoma populinum J.E. Lange, Dansk Bot. Ark. 8 (3): 14 (1933)

子实体中至大型。菌盖直径 4~12 cm，扁半球形至平展，边缘内卷变至平展和波状，浅红褐色，边缘色浅，黏，被棕褐色细小鳞片，具香气。菌肉污白色，伤处变暗，较厚。菌褶污白色带浅红褐色，密，较窄，不等长，伤处色变暗。菌柄长 3~8 cm，直径 1~3 cm，较粗壮，受伤后带红褐色，内实或松软，有时下部膨大。孢子无色，光滑，卵圆状至近球状，5~8 μm×3.5~5.5 μm。

分布于北京市延庆区，林地上。具食药用性。

307. 雕纹口蘑

Tricholoma scalpturatum (Fr.) Quél., Mém. Soc. Émul. Montbéliard, Sér. 25: 232 (1872)

≡ *Agaricus scalpturatus* Fr., Epicr. Syst. Mycol. (Upsaliae): 31 (1838)

= *Agaricus chrysites* Jungh., Linnaea 5: 388 (1830)

Cortinellus scalpturatus (Fr.) P. Karst., Bidr. Känn. Finl. Nat. Folk 32: 27 (1879)

Monomyces scalpturatum (Fr.) Earle, Bull. New York Bot. Gard. 5 (18): 442 (1909)

Tricholoma chrysites (Fr.) Quél., Hyménomycètes, Fasc. Suppl. (Alençon): 98 (1874)

子实体小至中型。菌盖直径 4~7 cm，半球形，后近平展，中部稍凸起，暗灰白色，干燥，具平伏的灰色纤毛状小鳞片，干时边缘开裂。菌肉白色，薄。菌褶白色带灰色变黄或黄斑，弯生，较密，不等长。菌柄长 4~5 cm，直径 0.5~1 cm，近圆柱状，白色，上部有小鳞片，中下部具短细毛，初开伞时有丝膜状残迹，成熟后变光滑。孢子无色，光滑，椭圆状至卵圆状，4.5~6 μm × 3~4 μm。

分布于北京市怀柔区，林地上。具食用性。

308. 棕灰口蘑

Tricholoma terreum (Schaeff.) P. Kumm., Führ. Pilzk. (Zerbst): 134 (1871)

≡ *Agaricus terreus* Schaeff., Fung. Bavar. Palat. Nasc. (Ratisbonae) 4: 28 (1774)

= *Agaricus myomyces* Pers., Neues Mag. Bot. 1: 100 (1794)

Agaricus madreporeus Batsch, Elench. Fung., Cont. Sec. (Halle): 53 (1789)

Cortinellus terreus (Schaeff.) P. Karst., Bidr. Känn. Finl. Nat. Folk 32: 29 (1879)

Tricholoma bisporigerum J. E. Lange, Dansk Bot. Ark. 8 (3): 20 (1933)

子实体中至大型。菌盖直径 2~9 cm，半球形至平展，中部稍凸起，灰褐色至褐灰色，干燥，具暗灰褐色纤毛状小鳞片，成熟后边缘开裂。菌肉白色，稍厚，无明显气味。菌褶白色变灰色，弯生，稍密，不等长。菌柄长 2~8 cm，直径 0.5~1 cm，柱状，白色至污白色，具细软毛，内部松软至中空，基部稍膨大。孢子无色，光滑，椭圆状，6~8 μm × 4~5 μm。

分布于北京市怀柔区，林地上。具食用性。

309. 紫褶十字孢口蘑

Tricholosporum porphyrophyllum (S. Imai) Guzmán ex T. J. Baroni, Mycologia 74 (6): 868 (1982)

≡ *Tricholoma porphyrophyllum* S. Imai, J. Fac. Agric., Hokkaido Imp. Univ., Sapporo 43 (1): 69 (1938)

= *Tricholosporum porphyrophyllum* (S. Imai) Guzmán, Boln. Soc. Mex. Micol. 9: 63 (1975)

子实体直径 3.5~6 cm，半球形至平展，表面光滑，淡紫色，潮湿时稍黏。菌肉白色，中部厚 3~5 mm。菌褶贴生，密集，宽 3~4 mm，紫罗兰色，受伤后略带棕色。菌柄长 3~7 cm，实心，纤维状，初呈紫罗兰色至灰白色，成熟后逐渐变成淡黄色至白色，圆柱状或稍向下膨大，基部菌丝白色。孢子星状或十字状，6~7 μm×5~6 μm，无色。

分布于北京市昌平区，林地上。食药用性未知。

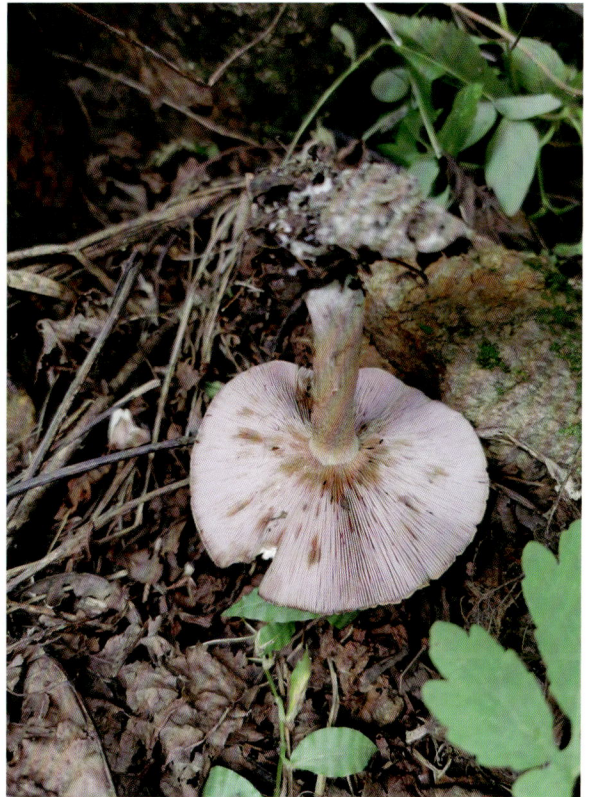

参考文献

邓树方，2016. 中国南方裸脚伞属分类暨小皮伞科真菌资源初步研究 [D]. 广州：华南农业大学.

范黎，2019. 中国马勃类真菌新记录种记述 [J]. 菌物研究，17（1）：11–20.

范宇光，图力古尔，2006. 吉林省担子菌补记（七）[J]. 菌物研究，4（2）：34–37.

范宇光，图力古尔，2017. 丝盖伞属丝盖伞亚属三个中国新记录种 [J]. 菌物学报，36（2）：251–259.

冯连荣，张妍，赵鑫闻，等，2023. 一株野生金针菇菌种的分离、鉴定与生物学特性研究 [J]. 浙江农业学报，35（5）：1088–1096.

韩美玲，2016. 中国拟层孔菌属及近缘属的分类与系统发育研究 [D]. 北京：北京林业大学，1–137.

李玉，2018. 中国食用菌产业发展现状、机遇和挑战：走中国特色菇业发展之路，实现食用菌产业强国之梦 [J]. 菌物研究，16（3）：125–131.

李玉，李泰辉，杨祝良，等，2015. 中国大型菌物资源图鉴 [M]. 郑州：中原农民出版社.

刘波，曹晋忠，1988. 马鞍菌属新种和新记录（一）[J]. 真菌学报，7（4）：198–204.

刘远超，徐济责，李丹，等，2014. 辽宁省8个伞菌新记录种 [J]. 菌物研究，12（1）：13–5，21.

龙章富，唐利民，1998. 四川广元地区野生大型真菌的分类研究及其新记录种 [J]. 西南农业学报，11（2）：8.

马腾飞，高国平，王月，等，2017. 辽宁马勃科大型真菌多样性（Ⅰ）[J]. 北方园艺，2017（5）：142–144.

卯晓岚，1998. 中国经济真菌 [M]. 北京：科学出版社.

卯晓岚，2000. 中国大型真菌 [M]. 郑州：河南科学技术出版社.

牟曼，2022. 师宗县菌子山大型真菌物种多样性初步调查 [D]. 昆明：昆明医科大学.

秦问敏，戴玉成，吴兴亮，2009. 中国单菌一新记录种：石竹色革菌（英文）[J]. 贵州科学，27（1）：19–21.

时楚涵，2016. 吉林省盘菌目物种多样性编目 [D]. 长春：吉林农业大学，1–128.

田恩静，图力古尔，2013. 中国鳞伞属鳞伞亚属新记录种 [J]. 菌物学报，32（5）：907–912.

田慧敏，文静，任芳，2016. 色钉菇（*Chroogomphus rutilus*）形态学和 ITS 测序鉴定 [J]. 江苏农业科学，44（5）：261–263.

田慧敏，尹元，2018. 内蒙古四个毒丝盖伞形态学及 rDNA-ITS 鉴定 [J]. 食用菌，40（5）：9–13.

图力古尔，包海鹰，李玉，等，2001. 吉林省担子菌补记（三）[J]. 吉林农业大学学报，23（4）：37–40.

王呈玉，2004. 中国侧耳属 [*Pleurotus*（Fr.）Kumm.] 真菌系统分类学研究 [D]. 长春：吉林农业大学.

魏杰，高巍，黄晨阳，2021. 中国菌根食用菌名录 [J]. 菌物学报，40（8）：1938–1957.

杨思思，2014. 中国靴耳属的分类与分子系统学研究 [D]. 长春：吉林农业大学.

杨祝良，葛再伟，2017. 中国环柄菇类真菌新组合（英文）[J]. 菌物学报，36（5）：542–551.

应国华，吕明亮，陈奕良，等，2005. 褐环粘盖牛肝菌生态学特性研究 [J]. 林业科学研究，18（3）：267–273.

张敏，图力古尔，2017. 采自东北的中国滑锈伞属新记录种 [J]. 菌物学报，36（8）：1168–1175.

张泽乾，毛宁，刘虹，2023. 基于基因片段和形态特征分析的山西鬼笔属物种多样性分析 [J]. 山西农业科学，51（8）：921–927.

张智，谭武平，刘远超，等，2017. 一株野生芬娜冬菇菌株的鉴定与驯化栽培 [J]. 食用菌学报，24（1）：45–49.

周昊，李骥琪，侯成林，2022. 中国燕山地区地星属 2 个新种 [J]. 菌物学报，41（1）：1–16.

周巍，尹健，周颖，2003. 野生紫孢侧耳生物学特性及驯化研究 [J]. 中国食用菌，22（4）：17– 18，44.

ADEBAYO E A, OLOKE J K, MAJOLAGBE O N, et al, 2012. Antimicrobial and anti - inflammatory potential of polysaccharide from *Pleurotus pulmonarius* LAU 09 [J]. African Journal of Microbiology Research, 6: 3315-3323.

AKATA I, ZENGIN G, PICOT C M N, et al, 2019. Enzyme inhibitory and antioxidant properties of six mushroom species from the Agaricaceae family [J]. South African Journal of Botany, 120: 95-99.

AL-FATIMI M, SCHRÖDER G, KREISEL H, et al, 2013. Biological activities of selected basidiomycetes from Yemen [J]. Die Pharmazie, 68: 221-226.

ANGELINI P, TIRILLINI B, VENANZONI R, 2012. In vitro antifungal activity of *Calocybe gambosa* extractsagainst yeasts and filamentous fungi [J]. African Journal of Microbiology Research, 6: 1810-1814.

ANTONIN V, BUYCK B, 2006. *Marasmius* (Basidiomycota, Marasmiaceae) in Madagascar and the Mascarenes [J]. Fungal Diversity, 23 (1): 17-50.

ASHRAF T, HANIF M, KHALID A N, 2012. *Peziza michelii* and its ectomycorrhizae with *Alnus nitida* (*Betulaceae*) from Pakistan [J]. Mycotaxon, 120: 181-188.

AYODELE S M, IDOKO M E, 2011. Antimicrobial activities of four wild edible mushrooms in Nigeria [J]. International Journal of Environmental Sciences & Natural Resources, 2: 55-58.

BAGGIO C H, FREITAS C S, MARCON R, et al, 2012. Antinociception of b-D-glucan from *Pleurotus pulmonarius* is possibly related to protein kinase C inhibition [J]. International Journal of Biological Macromolecules, 50: 872-877.

BAKKER H C D, NOORDELOOS M E, 2005. A revision of European species of *Leccinum* Gray and notes on extralimital species [J]. Persoonia - Molecular Phylogeny and Evolution of Fungi, 18 (4): 511-587.

BALA N, AITKEN E A B, CUSACK A, et al, 2012. Antimicrobial potential of Australian macrofungi extracts against foodborne and other pathogens [J]. Phytotherapy Research, 26: 465-469.

BÁLINT D, KARE L, TUULA N, et al, 2021. Type studies and fourteen new north american species of *Cortinarius* section *Anomali* reveal high continental species diversity [J]. Mycological Progress, 20 (11): 1399-1439.

BENAROUS K, BOMBARDA I, IRIEPA I, et al, 2015. Harmaline and hispidin from *Peganum harmala* and *Inonotus hispidus* with binding affinity to *Candida rugosa* lipase: In silico and *in vitro* studies [J]. Bioorganic Chemistry, 62: 1-7.

CAO Z J, FAN L, LIU B, 2018. Some Species of *Otidea* from China [J]. Mycologia, 82 (6): 734-741.

CHAKRABORTY D, VIZZINI A, DAS K, 2018. Two new species and one new record of the genus *Tylopilus* (Boletaceae) from Indian Himalaya with morphological details and phylogenetic estimations [J]. MycoKeys (33): 103-124.

CHAMURIS G P, 1988. The non-stipitate steroid fungi in the northeastern United States and adjacent Canada [J]. Mycologia, 14: 1-247.

CHEN G T, MA X M, LIU S T , et al, 2012. Isolation, purification and antioxidant activities of polysaccharides from *Grifola frondosa* [J]. Carbohydrate Polymers, 89: 61-66.

CHEN Y J, SUN J C, ZHANG X Q, et al, 2015. Effects of N6-(2-hydroxyethyl) adenosine in *Cordyceps militaris* on the hypnotic of mice [J]. Chinese Journal of New Drugs, 24: 813-817.

Chittaragi A, Naika R, Ashwani H S, et al, 2013. Antibacterial potential of *Geastrum triplex* Jungh. against plant and human pathogens [J]. International Journal of Pharmaceutical Technology Research, 5: 1456-1464.

CHOI H N, JANG Y H, KIM M J, et al, 2014. *Cordyceps militaris* alleviates non-alcoholic fatty liver disease in ob/ob mice [J]. Nutrition Research and Practice, 8: 172-176.

COKER W C. 1923. The clavarias of the United States and Canada [M]. North Carolina: The University of North Carolina press, 177.

CUI Y Y, CAI Q, TANG L P, et al, 2018. The family Amanitaceae: molecular phylogeny, higher-rank taxonomy and the species in China [J]. Fungal Diversity, 91 (1): 5-230.

DAI Y C, YANG Z L, CUI B K, et al, 2009. Species diversity and utilization of medicinal mushrooms and fungi in China (Review) [J]. International Journal of Medicinal Mushrooms. 11 (3): 287-302.

DAI Y C, 2010. Hymenochaetaceae (Basidiomycota) in China [J]. Fungal Diversity, 45: 131-343.

DENG G, LIN H, SEIDMAN A, et al, 2009. A phase I/II trial of a polysaccharide extract from *Grifola frondose* (Maitake mushroom) in breast cancer patients: immunological effects [J]. Journal of Cancer Research and Clinical Oncology, 135: 1215-1221.

DONG L J, WANG Q, 2017. Research on chemical constituents and pharmacological activities of *Pleurotus pulmonarius* [J]. Journal of Fungal Research, 15:208-212.

EBERHARDT U, BEKER H J, VESTERHOLT J, et al, 2016. The taxonomy of the European species of *Hebeloma* section *Denudata* subsections *Hiemalia*, *Echinospora* subsect. nov. and *Clepsydroida* subsect. nov. and five new species [J]. Fungal Biology: 72-103.

ENDO N, FANGFUK W, SAKUMA D, et al, 2016. Taxonomic consideration of the Japanese red-cap Caesar's mushroom based on morphological and phylogenetic analyses [J]. Mycoscience, 57 (3): 200-207.

ERIKSSON J, HJORTSTAM K, RYVARDEN L, 1978. The Corticiaceae of North Europe [J]. Nova Hedwigia, 5: 887-1047.

FENG T, WANG W H, ZHANG J S, et al, 2016. Effects of *Flammulina velutipes* different extracts on tumor cells [J]. Mycosystema, 35: 1234-1243.

FLORES-RENTERÍA L, LAU M K, LAMIT L J, et al, 2014. An elusive ectomycorrhizal fungus reveals itself: a new species of *Geopora* (Pyronemataceae) associated with *Pinus edulis* [J]. Mycologia, 106 (3): 553- 563.

GAO H J, LIU Z F, XI Y L, et al, 2016. Effect of seleniumon crude exopolysaccharide of *Lyophyllum decastes* and optimization of cultivation condition [J]. Natural Product Research and Development, 28: 1965-1970.

GINNS J, 1976. *Merulius*: s.s. and s.l., taxonomic disposition and identification of species [J]. Canadian Journal of Botany, 54 (1-2): 100-167.

GRANGEIA C, HELENO S A, BARROS L, et al, 2011. Effects of trophism on nutritional and nutraceutical potential of wild edible mushrooms [J]. Food Research International, 44 (4): 1029-1035.

GUO Y J, DENG G F, XU X R, et al, 2012. Antioxidant capacities, phenolic compounds and polysaccharide contents of 49 edible macro-fungi [J]. Food & Function, 3: 1195-1205.

HAN L R, CHENG D, WANG L R, et al, 2016. Structure and immunomodulatory activity of extracellular polysaccharide from *Grifola frondosa* [J]. Chinese Journal of Biotechnology, 32: 648-656.

HE X L, LI T H, JIANG Z D, et al, 2011. *Entoloma mastoideum* and *E. praegracile* - two new species from

China [J]. Mycotaxon, 116: 413-419.

HELENO S A, BARROS L, SOUSA M J, et al, 2010. Tocopherols composition of Portuguese wild mushrooms with antioxidant capacity [J]. Food Chemistry, 119: 1443-1450.

HELENO S A, FERREIRA ICFR, ĆIRIĆA, et al, 2014. *Coprinopsis atramentaria* extract, its organic acids, and synthesized glucuronated and methylated derivatives as antibacterial and antifungal agents [J]. Food & Function, 5: 2521-2528.

HORAK E, MATHENY P B, DESJARDIN D E, et al, 2015. The genus *Inocybe* (Inocybaceae, Agaricales, Basidiomycota) in Thailand and Malaysia [J]. Phytotaxa, 230 (3): 201-238.

HOU J X, ZHANG J X, ZHAO X J, et al, 2014. Anti-oxidative activity and hepatoprotective effect of lyophilized powder of liquid fermentation products from *Cordyceps militaris* [J]. Drug Evaluation Research, 37: 25-29.

HU Q X, WANG H X, NG T B, 2012. Isolation and purification of polysaccharides with anti-tumor activity from *Pholiota adiposa* (Batsch) *P. kumm.* (higher Basidiomycetes) [J]. International Journal of Medicinal Mushrooms, 14: 271-284.

HU Y P, ZHANG B Q, ZHANG J X, et al, 2018. Chemical constituents of fruiting bodies of *Coprinus comatus* and their activities against diabetes [J]. Mycosystema, 37: 371-378.

HU Y P, ZHANG J X, ZHAO L Q, et al, 2018. Physicochemical property and antioxidant activity of polysaccharide from *Gymnopilus spectabilis* [J]. Natural Product Research and Development, 30: 274-279.

HUANG J F, HUANG Y Q, LAI Y D, et al, 2016. In vivo protective and repairde effects of polysaccharide from *Grifola frondosa* on gastric mucosa trauma [J]. Mycosystema, 35: 326-334.

HUANG J Y, HU H T, SHEN W C, 2009. Phylogenetic study of two truffles, *Tuber formosanum* and *Tuber furfuraceum*, identified fromTaiwan [J]. FEMS Microbiology Letters, 294: 157-171.

HUANG X L, ZHU P X, HU Y L, et al, 2017. The improvement of *Cordyceps militaris* polysaccharides on acute liver injuried mice model induced by alcohol [J]. Mycosystema, 36: 242-250.

ILINKA C, ZDENKO T, SNEZANA D, et al, 2020. *Entoloma conferendum*, *Hygrocybe coccineocrenata*, and *Hypholoma ericaeum* new to Montenegro [J]. Mycotaxon, 135 (3): 637-647.

JASZEK M, OSIŃSKA-JAROSZUK M, JANUSZ G, et al, 2013. New bioactive fungal molecules with high antioxidant and antimicrobial capacity isolated from *Cerrena unicolor* idiophasic cultures [J]. BioMed Research International, 2013: 497492.

JIANG H T, WU Y L, WANG R L, et al, 2014. Protective effect of polysaccharides from *Cordyceps militaris* stroma against alcohol-induced acute liver injury in mice [J]. Food Science, 35: 223-227.

JIN S S, LIU X, HOU R L, et al, 2018. Identification and biological activity of a medicinal *Inonotus* [J]. Journal of Northwest A & F University (Natural Science Edition), 46 (12): 130-139.

JING H X, PING L T, MAN M, et al, 2022. A contribution to knowledge of *Gyroporus* (Gyroporaceae, Boletales) in China: three new taxa, two previous species, and one ambiguous taxon [J]. Mycological Progress, 21 (1): 71-92.

JO W S, CHOI Y J, KIM H J, et al, 2010. The anti- inflammatory effects of water extract from *Cordyceps militaris* in murine macrophage [J]. Mycobiology, 38: 46-51.

KALYONCU F, OSKAY M, KAYALAR H, 2010. Antioxidant activity of the mycelium of 21 wild mushroom species [J]. Mycology, 1: 195-199.

KATRI K. 2015. A survey of boreal *Entoloma* with emphasis on the subgenus *Rhodopolia* [J]. Mycological Progress, 14 (12): 116.

KAYA A, 2009. Macrofungi of Huzurlu high plateau (Gaziantep-Turkey) [J]. Turkish Journal of Botany, 33 (6): 429-437.

KERRIGAN R W, 2016. Agaricus of North America [M]. America: Memoirs of the New York Botanical Garden, 114: 1-570.

KIM N K, KIM M, LEE J S, 2021. Six New Recorded Species of Macrofungi on Gayasan National Park in Korea [J]. The Korean Journal of Mycology, 49 (3): 385-392.

KLAUS A, KOZARSKI M, NIKSIC M, et al, 2011. Antioxidative activities and chemical characterization of polysaccharides extracted from the basidiomycete *Schizophyllum commune* [J]. LWT - Food Science and Technology, 44: 2005-2011.

KOZARSKI M, KLAUS A, NIKSIC M, et al, 2011. Antioxidative and immunomodulating activities of polysaccharide extracts of the medicinal mushrooms *Agaricus bisporus*, *Agaricus brasiliensis*, *Ganoderma lucidum* and *Phellinus linteus* [J]. Food Chemistry, 129: 1667-1675.

KUMAR A, ALI S, LAL S B, et al, 2018. Mycochemical screening and determination of nutritive potency an antioxidant activity of edible macrofungi *Dacryopinax spathularia* and *Schizophyllum commune* [J]. World Journal of Pharmaceutical Research, 7: 1311-1321.

KUYPER T W, 1986. A revision of the genus *Inocybe* in Europe I. Subgenus *Inosperma* and the smoothspored species of subgenus *Inocybe* [J]. Persoonia, 11: 171-208.

LAVI I, LEVINSON D, PERI I, et al, 2010. Orally administered glucans from the edible mushroom *Pleurotus pulmonarius* reduce acute inflammation in dextran sulfate sodium-induced experimental colitis [J]. British Journal of Nutrition, 103: 393-402.

LAVI I, LEVINSON D, PERI I, et al, 2010. Chemical characterization, antiproliferative and antiadhesive properties of polysaccharides extracted from *Pleurotus pulmonarius* mycelium and fruiting bodies [J]. Applied Microbiology and Biotechnology, 85:1977-1990.

LEE H H, LEE S, LEE K, et al, 2015. Anti-cancer effect of *Cordyceps militaris* in human colorectal carcinoma RKO cells via cell cycle arrest and mitochondrial apoptosis [J]. DARU Journal of Pharmaceutical Sciences, 23:35.

LEE J S, KIM C, CHOI S Y, et al, 2017. Eight previously unreported species of macrofungi from Korea [J]. The Korean Journal of Mycology, 45 (4):362-369.

LEITE A G, ASSIS H K, SILVA B D B, et al, 2011. *Geastrum* species from the Amazon Forest, Brazil [J]. Mycotaxon, 118: 383-392.

LEZZI T, VIZZINI A, ERCOLE E, et al, 2014. Phylogenetic and morphological comparison of *Pluteus variabilicolor* and *P. castri* (Basidiomycota, Agaricales) [J]. IMA Fungus, 5 (2): 415-423.

LI B, LU F, SUO X M, et al, 2010. Antioxidant properties of cap and stipe from *Coprinus comatus* [J]. Molecules, 15: 1473-1486.

LI J J, WU S Y, YU X D, et al, 2017. Three new species of *Calocybe* (Agaricales, Basidiomycota) from northeastern China are supported by morphological and molecular data [J]. Mycologia, 109 (1): 55-63.

LI Q J, BAO H Y, BAU T, et al, 2018. Influence of *Inonotus hispidus* in hemorheology in rat model with blood stasis due to cold syndrome and analysis on spectral efficiency [J]. Journal of Jilin University (Medical Edition), 44: 30-35.

LI Y Q, HU J W, 2010. Study on anti-hyperglycemic activity of polysaccharides of *Inonotus hispidus* (Bull.Fr.) P. Karst [J]. Edible Fungi China, 29: 49-51.

LI Z M, KE C L, WANG Y B, 2015. Hepatoprotective effect and antioxidant activity of crude polysaccharide from *Calvatia gigantea* mycelium grown in submerged culture [J]. Acta Edulis Fungi, 22: 70-74.

LIKTOR-BUSA E, KOVÁCS B, URBÁN E, et al, 2016. Investigation of Hungarian mushrooms for antibacterial activity and synergistic effects with standard antibiotics against resistant bacterial strains [J]. Letters in Applied Microbiology, 62: 437-443.

LIU J, JIA L, KAN J, et al, 2013. In vitro and in vivo antioxidant activity of ethanolic extract of white button mushroom (*Agaricus bisporus*) [J]. Food Chemistry Toxicol, 51: 310-316.

LIU K, LIU M F, WANG J L, et al, 2018. Antioxidant, antibacterial and antitumor activities and chemical constituents of *Geastrum fimbriatum* [J]. Guihaia, 38: 953-959.

LIU Q, GENG X R, XU Y Y, et al, 2016. *Coprinus comatus*-compound prevents hyperglycemia in streptozotocininduced diabetic mice [J]. Journal of Northwest Normal University (Natural Science Edition), 52: 90-94.

LIU X, HOU R L, JIN S S, et al, 2018. Molecular screening of medicinal fungus *Inonotus hispidus* and anti-breast cancer activities of its submerged fermentation broth [J]. Mycosystema, 37: 215-225.

LIU X H, SONG J, LUAN H W, et al, 2018. Study on the differences of antioxidant activities and main active components of fresh and dry *Cordyceps militaria* [J]. Edible Fungi China. 37: 56-63.

LORENZO E L, MESSUTI I M, 2013. *Leotia lubrica* (Ascomycota, Leotiaceae) found in Patagonia, Argentina [J]. Darwiniana, 1 (2): 237-240.

MA B P, LUO X Y, LIU S C, et al, 2017. Advances in the research of *Schizophyllum commune* Fr. [J]. Edible and Medicinal Mushrooms, 25: 303-307.

MA X L, MENG M, HAN L R, et al, 2015. Immunomodulatory activity of macromolecular polysaccharide isolated from *Grifola frondosa* [J]. Chinese Journal of Natural Medicines, 13: 906-914.

MAHDIZADEH V, PARRA L A, SAFAIE N, et al, 2018. A phylogenetic and morphological overview of sections *Bohusia, Sanguinolenti*, and allied sections within *Agaricus* subg. *Pseudochitonia* with three new species from France, Iran, and Portugal [J]. Fungal Biology, 122 (1): 34-51.

MAO N, ZHAO T Y, XU YY, et al, 2023. *Villoboletus persicinus*, gen. et sp. nov. (Boletaceae), a bolete with flocculent-covered stipe from northern China [J]. Mycologia, 115 (2): 1-8.

MASUDA Y, ITO K, KONISHI M, et al, 2010. A polysaccharide extracted from *Grifola frondosa* enhances the anti-tumor activity of bone marrow-derived dendritic cell-based immunotherapy against murine colon cancer [J]. Cancer Immunology, Immunotherapy, 59: 1531-1541.

MIZERSKA-DUDKA M, JASZEK M, BŁACHOWICZ A, et al, 2015. Fungus *Cerrena unicolor* as an effective source of new antiviral, immunomodulatory, and anticancer compounds [J]. International Journal of Biological Macromolecules, 79: 459-468.

MURRILL W A, 1916. Agaricaceae Tribe Agariceae [J]. North American Flora, 9 (5): 297-374.

NGUYEN T K, IM K H, CHOI J, et al, 2016. Evaluation of antioxidant, anti-cholinesterase,and anti-inflammatory effects of culinary mushroom *Pleurotus pulmonarius* [J]. Mycobiology, 44: 291-301.

NGUYEN T K, LEE M W, YOON K N, et al, 2014. In vitro antioxidant, anti-diabetic, anti-cholinesterase, tyrosinase and nitric oxide inhibitory potential of fruiting bodies of *Coprinellus micaceus* [J]. Journal of Mushroom, 12: 330-340.

NIETIEDT S A, GUERRERO R T, 1998. New synonymy in *Hyphoderma* rude (Corticiaceae) [J]. Mycotaxon, 67: 95-98.

NOWAK R, DROZD M, MENDYK E, et al, 2016. A new method for the isolation of ergosterol and peroxyergosterol as active compounds of *Hygrophoropsis aurantiaca* and *in vitro* antiproliferative activity of isolated ergosterol peroxide [J]. Molecules, 21: 946.

OUABBOU A, TOUHAMI A O, BENKIRANE R, et al, 2023. Study of some new species of the *Pluteus* genera for the fungal flora of Morocco [J]. International Journal of Pure and Applied Biosciences, 2 (3): 1-9.

PARK B T, NA K H, JUNG E C, et al, 2009. Antifungal and anticancer activities of a protein from the mushroom *Cordyceps militaris* [J]. Korean Journal of Physiology & Pharmacology, 13: 49-54.

PARK J M, LEE J S, LEE K R, et al, 2014. *Cordyceps militaris* extract protects human dermal fibroblasts against oxidative stress-induced apoptosis and premature senescence [J]. Nutrients, 6: 3711-3726.

PEGLER D N, LAESSOE T, SPOONER B, 1995. British puffballs, earthstars and stinkhorns [M]. London: Royal Botanic Gardens, Kew.

PEGLER D N, SPOONER B M, YOUNG T W K, 1993. British truffles: A revision of British hypogeous fungi [M]. London: Royal Botanic Gardens, Kew: 1-216.

PETERSEN R H, 1968. The genus *Clavulinopsis* in North America [J]. Mycologia Memoirs, 2: 1-39.

PETERSEN R H, 1981. *Ramaria subgenus Echinoramaria* [J]. Bibliotheca Mycologica, 79: 1-261.

PFISTER D H, EYJÓLFSDÓTTIR G G, 2007. New records of cup-fungi from Iceland with comments on some previously reported species [J]. Nordic Journal of Botany. 25: 104-112.

PINZÓN-O C A, PINZÓN-O J, LADINO-O N, 2017. *Geastrum triplex* (agaricomycetes, basidiomycota) new record for Colombia [J]. Boletín Científico Centro de Museos Museo de Historia Natural, 21 (1): 17-28.

POPOVIĆ M, VUKMIROVIĆ S, STILINOVIĆ N, et al, 2010. Anti-oxidative activity of an aqueous suspension of commercial preparation of the mushroom *Coprinus comatus* [J]. Molecules, 15: 4564-4571.

PUSHPA H, PURUSHOTHAMA K B, 2010. Antimicrobial activity of *Lyophyllum decastes* an edible wild mushroom [J]. Journal of Agricultural Science, Cambridge, 6: 506-509.

RADZKI W, SLAWINSKA A, JABLONSKA-RYS E, et al, 2014. Antioxidant capacity and polyphenolic content of dried wild edible mushrooms from Poland [J]. International Journal of Medicinal Mushrooms, 16: 65-75.

RAMESH C, PATTAR M G, 2010. Antimicrobial properties, antioxidant activity and bioactive compounds from six wild edible mushrooms of western ghats of Karnataka, India [J]. Pharmaceutical Research, 2: 107-112.

RAYMUNDO T, BAUTISTA-HERNÁNDEZ S, AGUIRRE-ACOSTA E, et al, 2012. New records of Pezizales (Pezizomycetes, Ascomycota) in México [J]. Boletín de la Sociedad Micologica de Madrid, 36: 13-21.

REIS F S, FERREIRA ICFR, BARROS L, et al, 2011. A comparative study of tocopherols composition and antioxidant properties of in vivo and *in vitro* ectomycorrhizal fungi [J]. LWT - Food Science and Technology, 44: 820- 824.

REIS F S, HELENO S A, BARROS L, et al, 2011. Toward the antioxidant and chemical characterization of mycorrhizal mushrooms from Northeast Portugal [J]. Journal of Food Science, 76: C824-C830.

RYVARDEN L, GILBERTSON R L, 1993. European polypores. Part 1 [J]. Synopsis Fungorum, 6: 1-387.

RYVARDEN L, GILBERTSON R L, 1994. European polypores. Part 2 [J]. Synopsis Fungorum, 7: 394-743.

SAMUELSON D A, 2011. Asci of the Pezizales. Ⅳ. The apical apparatus of iodine-positive species [J]. Canadian Journal of Botany, 56 (16): 1860-1875.

SARA Q S, TALIB A K, ABDULLAH A H, 2017. New records of basidiomycetous macrofugi from Kurdistan region - Northern Iraq [J]. African Journal of Plant Science, 11 (6): 209-219.

SHAO Y, CHEN A H, ZHANG C L, et al, 2015. Isolation and purification of antioxidant components infruiting body of *Cordyceps militaris* [J]. Food Science, 36 (8): 175-180.

Shi Z X, Wu Z Y, 2012. Study on antioxidant activity of coarse polysaccharides from *Suillus granulates* fruit body in vitro [J]. Edible Fungi of China, 31: 39-41.

SKREDE I, CARLSEN T, SCHUMACHER T. 2017. A synopsis of the saddle fungi (*Helvella*: Ascomycota) in Europe - species delimitation, taxonomy and typification [J]. Persoonia - Molecular Phylogeny and Evolution of Fungi, 39: 201-253.

TIAN Y T, ZENG H L, XU Z B, et al, 2012. Ultrasonic-assisted extraction and antioxidant activity of polysaccharides recovered from white button mushroom (*Agaricus bisporus*) [J]. Carbohydrate Polymers, 88: 522-529.

TUDOR D, MARGARITESCU S, SÁNCHEZ-RAMÍREZ S, et al, 2014. Morphological and molecular characterization of the two known North American Chlorociboria species and their anamorphs [J], Fungal Biology, 118 (8): 732-742.

ULLAH S T, FIRDOUS S S, SHIER T W, et al, 2022. *Ramaria barenthalensis* a new record from western Himalayas, Azad Jammu and Kashmir, Pakistan [J]. Italian Botanist, 14: 133-143.

VAURAS J, LARSSON E, 2011. *Inocybe myriadophylla*, a new species from Finland and Sweden [J]. Karstenia, 51 (2): 31-36.

VETVICKA V, VETVICKOVA J, 2011. Immune enhancing effects of WB365, a novel combination of Ashwagandha (*Withania somnifera*) and Maitake (*Grifola frondosa*) extracts [J]. North American Journal of Medical Sciences, 3: 320-324.

VILLARES A, 2013. Polysaccharides from the edible mushroom *Calocybe gambosa*: structure and chain conformation of a (1 → 4), (1 → 6)-linked glucan [J]. Carbohydrate Research, 375: 153-157.

VIZZINI A, LIANG J F, JANCOVICOVA S, et al, 2014. *Lepiota coloratipes*, a new species for *Lepiota rufipes* ss. Auct. europ. non ss. orig [J]. Mycological Progress, 13 (1): 171-179.

VIZZINI A, ZOTTI M, TRAVERSO M, et al, 2016. Variability, host range, delimitation and neotypification of *Amanita simulans* (*Amanita* section *Vaginatae*): collections associated with *Helianthemum* grasslands, and epitypification of *A. lividopallescens* [J]. Phytotaxa, 280 (1): 1-22.

VLADIMÍR A, TOMOVSK M, PETR S, et al, 2009. Morphological and molecular characterization of the *Armillaria Cepistipes - A. gallica* complex in the Czech Republic and Slovakia [J]. Mycological Progress, 8 (3): 259-271.

VOOREN N V, CARBONE M, SAMMUT C, et al, 2019. Preliminary notes on the genus *Tarzetta* (*Pezizales*) with typifications of some species and description of six new species [J]. Ascomycete.org, 11: 309-334.

WAHAB N A, ABDULLAH N, AMINUDIN N, 2014. Characterisation of potential antidiabetic-related proteins from *Pleurotus pulmonarius* (Fr.) Quél. (grey oyster mushroom) by MALDI-TOF/TOF mass spectrometry [J]. BioMed Research International, 51: 131607.

WANG C L, LU C Y, HSUEH Y C, et al, 2014. Activation of antitumor immune responses by *Ganoderma formosanum* polysaccharides in tumor-bearing mice [J]. Applied Microbiology and Biotechnology, 98: 9389-9398.

WANG J M, ZHAO X J, YAN J, et al, 2016. Antidiabetic activity of ethanol extract from *Suillus luteus* [J]. Natural Product Research and Development, 28: 271-276.

WANG M, MENG X Y, YANG R L, et al, 2012. *Cordyceps militaris* polysaccharides can enhance the immunity and antioxidation activity in immunosuppressed mice [J]. Carbohydrate Polymers, 89: 461-466.

WANG R, HERRERA M, XU W, et al, 2022. Ethnomycological study on wild mushrooms in Pu'er Prefecture, Southwest Yunnan, China [J]. Journal of ethnobiology and ethnomedicine, 18 (1): 55.

WANG X H, DAS K, HORMAN J, et al, 2018. Fungal biodiversity profiles 51-60 [J]. Cryptogamie Mycologie, 39 (2): 211-257.

WANG Y, QUANYING DONG Q Y, LUO R, et al, 2023. Molecular Phylogeny and Morphology Reveal Cryptic Species in the *Cordyceps militaris* Complex from Vietnam [J]. Journal of fungi, 9 (6): e798.

WANG Y L, BAO H Y, XU L, et al, 2011. Determination of main peptide toxins from *Amanita pallidorosea* with HPLC and their antifungal action on *Blastomyces albicans* [J]. Acta Microbiologica Sinica, 51: 1205-1211.

WANG Y Q, BAO L, LIU D L, et al, 2012. Two new sesquiterpenes and six norsesquiterpenes from the solid culture of the edible mushroom *Flammulina velutipes* [J]. Tetrahedron, 68: 3012-3018.

WANG Y Q, BAO L, YANG X L, et al, 2012. Four new cuparene - type sesquiterpenes from *Flammulina velutipes* [J]. Helvetica Chimica Acta, 95: 261-267.

WANG Y Q, BAO L, YANG X L, et al, 2012. Bioactive sesquiterpenoids from the solid culture of the edible mushroom *Flammulina velutipes* growing on cooked rice [J]. Food Chemistry, 132: 1346-1353.

WANG Y Q, YANG X L, BAO L, et al, 2012. Isolation and identification of secondary metabolites from the solid culture of *Flammulina velutipes* [J]. Mycosystema, 31: 127-132.

WANG Z B, SUN C Y, LI D H, et al, 2011. Extraction and immune function of polysaccharide from the fruit body of *Inonotus hispidus* [J]. Science and Technology of Food Industry, 32: 383-386.

WEI Q, PENG C, WANG F, et al, 2017. Screening of mushroom inhibiting non-enzymatic protein glycosylation (NEPG) and extracting process optimization of inhibiting NEPG substance [J]. Mycosystema, 36: 1152-1163.

WEI Y T, FENG N, ZHANG J S, et al, 2016. Qualitative chemical analysis and antitumor activity of *Lyophyllum decastes* fruit body extracts [J]. Acta Edulis Fungi, 23: 70-74.

WITKOWSKA A M, ZUJKO M E, MIROŃCZUK-CHODAKOWSKA I, 2011. Comparative study of wild edible mushrooms as sources of antioxidants [J]. International Journal of Medicinal Mushrooms, 13: 335-341.

WITKOWSKA A M, ZUJKO M E, MIROŃCZUK-CHODAKOWSKA I, 2011. Comparative study of wild edible mushrooms as sources of antioxidants [J]. International Journal of Medicinal Mushrooms, 13: 335-341.

WRIGHT J E, 1987. The genus *Tulostoma* (Gasteromycetes). A world monograph [M]. Germany: Bibliotheca Mycologica, 113: 1-338.

WU F, YUAN Y, HE S H, et al, 2015. Global diversity and taxonomy of the Auricularia auricula-judae complex (Auriculariales, Basidiomycota) [J]. Mycological Progress,14: 95.

WU F, ZHOU L W, YANG Z L, et al, 2019. Resource diversity of Chinese macrofungi: edible, medicinal and poisonous species [J]. Fungal Diversity, 98: 1-76.

WU G, LI Y C, ZHU X T, et al, 2016. One hundred noteworthy boletes from China [J]. Fungal Diversity (6):164.

WU L L, GE J B, WANG H D, et al, 2018. Antioxidant activities of water extracts from *Agaricus bisporus* [J]. Chinese Wild Plant Resources, 37: 18-24.

XIANG C K, GUAN S J, MA J J, 2016. Study on the comparison of *Calvatia gigantea* and *Bovistella sinensis* lloyd on anti-inflammatory and analgesia effects [J]. Tianjin Journal of Traditional Chinese Medicine, 33: 430-433.

XIE H J, LIN W F, JIANG S, et al, 2020. Two new species of *Hortiboletus* (Boletaceae, Boletales) from China [J]. Mycological Progress, 19 (11): 1377-1386.

XIE H J, TANG L P, MU M, et al, 2021. A contribution to knowledge of *Gyroporus* (Gyroporaceae, Boletales) in China: three new taxa and amended descriptions of two previous species [J]. Mycological Progress, 21 (1): 71-92.

XU B, ZHANG L J, GUO X L, et al, 2018. Experimental study on the inhibitory effect of *Grifola frondosa* on H22 liver cancer xenografts [J]. Journal of Shaanxi University of Chinese Medicine, 41: 97-100.

XU L, XU B, 2011. Study on antitumor activity of ethanol extracts from *Calvatia gigantea* Lloyd *in vitro* [J]. Guide of China Medicine, 9: 264-265.

XU W W, HUANG J J H, CHEUNG P C K, 2012. Extract of Pleurotus pulmonarius suppresses liver cancer development and progression through inhibition of VEGF-induced PI3K/AKT signaling pathway [J]. PloS ONE, 7:e34406.

YANG Q W, WANG P, SUN H, 2014. Hypolipidemic role of mycelia polysaccharides of *Grifola frondosa* [J]. Journal of Tianjin Vocational Institute, 16 (10): 76-79.

YANG S D, BAO H Y, WANG H, 2019. Chemical components and antitumour compounds from *Inonotus hispidus* [J]. Mycosystema, 38: 127-133.

YANG Z L, GE Z W, 2017. Six new combinations of lepiotaceous fungi from China [J]. Mycosystema, 36 (5): 542-551.

YEH J Y, HSIEH L H, WU K T, et al, 2011. Antioxidant properties and antioxidant compounds of various extracts from the edible Basidiomycete *Grifola Frondosa* (Maitake) [J]. Molecules, 16: 3197-3211.

YOU Y, BAO H Y, 2011. Antibacterial activities and volatile oil component analysis of extracts of *Calvatia gigantea* fruiting bodies in different maturity period [J]. Mycosystema, 30: 477-485.

ZAN L F, QIN J C, ZHANG Y M, et al, 2011. Antioxidant hispidin derivatives from medicinal mushroom *Inonotus hispidus* [J]. Chemical and Pharmaceutical Bulletin, 59: 770-772.

ZHANG J X, ZHAO X J, ZHAO L Q, et al, 2017. A primary study of the antioxidant, hypoglycemic, hypolipidemic, and antitumor activities of ethanol extract of brown slimecap mushroom, *Chroogomphus rutilus* (Agaricomycetes) [J]. International Journal of Medicinal Mushrooms, 19: 905-913.

ZHANG X Q, WANG Y Q, WANG L A, et al, 2013. Protective effects of crude polysaccharides from *Chroogomphus rutilus* on SHSY5Y cells impaired by MPP+ [J]. Acta Physiologica Sinica, 65: 210-216.

ZHAO C, GAO L Y, WANG C Y, et al, 2015. Structural characterization and antiviral activity of a novel heteropolysaccharide isolated from *Grifola frondosa* against enterovirus 71 [J]. Carbohydrate Polymers, 144: 382-389.

ZHAO J K, WANG H X, NG T B, 2009. Purification and characterization of a novel lectin from the toxic wild mushroom *Inocybe umbrinella* [J]. Toxicon, 53 (3): 360-366.

ZHAO Q I, TOLGOR B, ZHAO Y, et al, 2015. Species diversity within the *Helvella crispa* group (Ascomycota: Helvellaceae) in China [J]. Phytotaxa, 239 (2): 130.

ZHAO S, RONG C B, KONG C, et al, 2014. A novel laccase with potent antiproliferative and HIV-1 reverse transcriptase inhibitory activities from mycelia of mushroom *Coprinus comatus* [J]. BioMed Research International, 2014: 8.

ZHAO Y, YANG N, SHEN X J, et al, 2015. Response surface optimization of enzymatic hydrolysis and antimicrobial activities of *Schizophyllan* polysaccharose [J]. Mycosystema, 34: 139-149.

ZHONG L, ZHAO L Y, YANG F M, et al, 2017. Evaluation of anti-fatigue property of the extruded product of cereal grains mixed with *Cordyceps militaris* on mice [J]. Journal of the International Society of Sports Nutrition. 14: 15.

ZHOU C, SUN Y, LI D H, et al, 2017. Inhibitory effect of polysaccharides from *Pholiota adiposaon* tumor cell proliferation [J]. Modern Food Science and Technology, 33: 56-62.

ZHOU C L, WEN X M, HURNISA X, et al, 2009. Classification of the *Ramalina* from Xinjiang [J]. Journal of Fungal Research, 7 (1): 9-13.

ZHOU H, CHENG G Q, HOU C L, 2022. A new species, *Russula luteolamellata* (Russulaceae, Russulales) from China [J]. Phytotaxa, 556 (2): 136-148.

ZHOU H, CHENG G Q, HUANG X B, et al, 2023. Two new species of *Russula* subgenus *Heterophyllidia* (Russulaceae, Russulales) from Yanshan Mountains, North China [J]. European Journal of Taxonomy, 861: 185-202.

ZHOU H, CHENG G Q, SUN X M, et al, 2022. Three new species of *Candolleomyces* (Agaricomycetes, Agaricales, Psathyrellaceae) from the Yanshan Mountains in China [J]. MycoKeys, 88: 109-121.

ZHOU H, CHENG G Q, WANG, Q T, et al, 2022.Morphological characteristics and phylogeny reveal six new species in *Russula* subgenus *Russula* (Russulaceae, Russulales) from Yanshan Mountains, North China [J]. Journal of Fungi, 8: 1283.

ZHOU H, GUO M J, ZHUO L, et al, 2023. Diversity and taxonomy of the genus *Amanita* (Amanitaceae, Agaricales) in the Yanshan Mountains, Northern China [J]. Frontiers in Plant Science, 14:1.

ZHOU H, SHEN X Y, HOU C L, 2023. A new species of *Russula* subgenus *Russula* (Russulaceae, Russulales) from Yanshan Mountains, North China [J]. Phytotaxa, 609 (3): 195-208.

ZHOU J L, SU S Y, SU H Y, et al, 2016. A description of eleven new species of *Agaricus* sections *Xanthodermatei* and *Hondenses* collected from Tibet and the surrounding areas [J]. Phytotaxa, 257 (2): 99-121.

中文名索引

学名索引